金属塑性成形

CAE 应用

—DYNAFORM

龚红英　刘克素　董万鹏　等编著

化学工业出版社

·北京·

本书以基于板料成形有限元分析软件 DYNAFORM5.9 软件为平台，在详细介绍板料冲压成形 CAE 分析涉及的基础理论及 DYNAFORM5.9 软件的基本特点等内容基础上，结合作者多年从事相关领域的教研经验和丰富实践经验，选取 8 个典型板料冲压成形模拟实例及 4 个先进冲压成形模拟实例，对具体零件冲压成形 CAE 分析的具体操作步骤及工艺设置等进行了详细讲解 ，以引导读者掌握应用 DYNAFORM5.9 软件解决板料冲压成形工程实际问题的能力和技能 。

本书可作为从事板料冲压成形方向 CAE 分析的工程技术人员学习和培训 DYNAFORM5.9 软件的初/中级应用教程，也可作为国内各大专院校的本、专科以及硕士研究生等材料加工工程专业的专业特色课程的主讲教材或参考教材 。

图书在版编目（CIP）数据

金属塑性成形 CAE 应用——DYNAFORM / 龚红英，刘克素，董万鹏等编著. —北京：化学工业出版社，2014.11（2020.9 重印）
ISBN 978-7-122-21701-1

Ⅰ. ①金… Ⅱ. ①龚…②刘…③董… Ⅲ. ①金属压力加工-塑性变形-有限元分析-应用软件 Ⅳ. ①TG3-39

中国版本图书馆 CIP 数据核字（2014）第 203064 号

责任编辑：刘丽宏　　　　　　　　　　　文字编辑：杨　帆
责任校对：宋　玮　　　　　　　　　　　装帧设计：刘丽华

出版发行：化学工业出版社（北京市东城区青年湖南街 13 号　邮政编码 100011）
印　　装：北京虎彩文化传播有限公司
787mm×1092mm　1/16　印张 14¾　字数 372 千字　2020 年 9 月北京第 1 版第 7 次印刷

购书咨询：010-64518888　　　　　　　　售后服务：010-64518899
网　　址：http：// www.cip.com.cn
凡购买本书，如有缺损质量问题，本社销售中心负责调换。

定　　价：68.00 元

FOREWORD 前言

随着我国汽车、航空、航天、模具、电子电器及日用五金等工业的迅速发展，制造企业和相关研究部门的技术人员对板料冲压成形工艺分析研究以及采用先进板料冲压成形 CAE 分析技术进行具体零件成形分析研究的需求与日俱增，本书正是为了满足本专业领域技术人员掌握板料冲压成形相关理论和将板料成形 CAE 分析技术，尤其是将先进的冲压专业分析软件-DYNAFORM5.9 软件应用到实际生产环节的一本合适的初、中级培训和教研的教程。

本书是一本理论与实际操作相结合的专业课程及技能培训教材，涉及的主要内容分为两大部分：（一）对板料冲压 CAE 分析基本理论和 DYNAFORM5.9 软件的基本特点等进行阐述，此部分内容涉及在进行板料成形 CAE 分析是需要掌握的必要的工艺及如何基于 DYNAFORM5.9 软件进行板料成形 CAE 分析模拟试验的关键技术等内容的详细阐述；（二）对板料冲压成形模拟实例进行阐述，此部分内容涉及采用 DYNAFORM5.9 软件进行典型冲压成形模拟以及进行先进冲压成形工艺模拟两部分，选取了 8 个典型冲压成形实例以及 4 个先进冲压成形实例，以 DYNAFORM5.9 软件为平台进行具体零件冲压成形 CAE 分析的具体操作步骤及工艺设置等详细讲解。

上海工程技术大学龚红英全面负责本书的撰写工作，并与上海工程技术大学董万鹏及教研团队一起合作完成了本书的第 1 章，第 3~4 章，第 6 章，第 11~12 章的主要内容撰写工作，ETA-CHINA 上海分公司技术培训部的刘克素、徐金波、王斌等工程师与上海工程技术大学材料工程学院塑性成形教研团队进行了通力合作，共同完成了本教材第 2 章，第 5 章，第 7~10 章，第 13~14 章的主要内容撰写工作，同时为本教程撰写提供了部分模拟实例素材和参考资料，凭借着从事 CAE 分析的丰富实践经历为本教材提出了很多宝贵的经验和修改建议。感谢 ETA-CHINA 上海分公司马亮促成了本教程撰写工作，并对本书撰写工作给予了大力支持。感谢上海工程技术大学李会肖、王斯凡、付云龙和苏晓斌四位硕士研究生的积极参与和协助著者完成了成形实例模拟的试验调试和参数修正工作，才使得编著者能顺利完成此教材的整个撰写工作，在此对所有为此教材撰写付出心血和汗水的所有参与人员表示衷心感谢！另外书后所列主要参考文献为本书撰写起了重要参考作用，在此谨向原著者表示感谢！

本书可作为国内各大专院校的本、专科以及硕士研究生等材料加工工程专业的专业特色课程的主讲教材或参考教材，也可作为从事板料冲压成形方向 CAE 分析的工程技术人员学习和培训 DYNAFORM5.9 软件的初/中级应用教程。

本书涉及的全部模拟分析实例模型及参考资料，读者可通过 ETA-CHINA 上海分公司网址：http:∥www.eta.com.cn 进行有关查询。

由于编著者水平有限，难免有不当之处，欢迎读者不吝赐教。

编著者

CONTENTS

目录

CAE 分析实例详解（一）典型板料冲压成形模拟

第 3 章　圆筒件拉深成形模拟　　40

第 4 章　汽车油箱底壳零件拉深成形模拟　　56

CAE 分析实例详解（二）先进成形工艺模拟

第 11 章 半球形零件液压成形模拟 **174**

第 1 章

板料冲压成形 CAE 分析基本理论

1.1 板料冲压成形 CAE 分析概述

    冲压是利用安装在压力机上的冲模对材料施加压力，使其产生分离或塑性变形，从而获得所需零件（俗称冲压件或冲件）的一种压力加工方法。因为它主要是用板料加工成零件，所以又称为板料冲压成形。采用板料冲压成形不但可以加工金属材料，还可以加工非金属材料。与切削加工等方法相比，板料冲压成形不仅具有更高的生产效率，而且可以获得更高的材料利用率，已经广泛应用于汽车、航空航天、造船、电子电器、国防、日用五金等工业领域，尤其是在汽车工业领域中，由于汽车车身零部件的精度要求高、生产批量大，目前绝大部分车身零部件均采用金属板料冲压成形技术进行实际生产。

    板料冲压成形过程是一个大挠度、大变形的塑性变形过程，涉及板料在不同塑性成形工序中复杂的应力应变状态下产生塑性流动和塑性变形，而易引起破裂、起皱及回弹等成形缺陷问题。与此同时，由于板料冲压成形过程还是一个非常复杂的多体接触的动态力学问题。因此在实际板料冲压成形过程中，单凭经验往往很难对板料冲压成形性做出合理预测，进而加大了冲模制造、调模及试模的难度和成本，如果出现工艺判断错误，还可能导致模具报废。为了准确把握板料冲压成形性能，对实际冲压零件的成形过程有允分的认识，在当前板料冲压成形生产中利用先进的计算机辅助工程（Computer Aided Engineering，简称 CAE）分析技术进行具体冲压零件的成形过程数值模拟，可以及早发现问题，改进模具设计，从而大大缩短调模试模周期，降低制模成本等。正因为如此，板料冲压成形 CAE 分析技术在近几十年中一直是板料成形领域的研究热点之一。

    板料冲压成形 CAE 分析技术现已进入实际应用阶段，许多较为成熟的商业化软件已经得到了广泛的应用，如：AUTOFORM、LS-DYNA3D、FORMSYS、PAM-STAMP、ROBUST以及 DYNAFORM 等。典型的板料冲压成形 CAE 分析系统如图 1-1 所示，例如目前在汽车工业领域，许多国内外大型汽车制造企业从汽车冲压零件的结构设计、冲模设计、调试直至投产的整个过程中贯穿了 CAE 分析技术，极大地缩短了冲压零部件的开发周期，产生了巨大的经济效益。采用 CAE 分析技术已成为当前进行板料冲压成形应用研究最有效方法之一。

1.2 板料冲压成形 CAE 分析有限元理论

板料冲压成形研究中所运用的 CAE 分析技术，其核心是应用数值分析方法研究板料塑性成形理论问题，板料冲压成形 CAE 分析系统及涉及的主要问题，可参考图 1-1 所示。

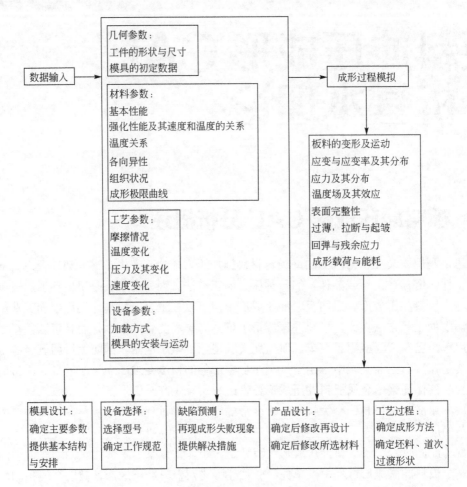

图 1-1　板料冲压成形 CAE 分析系统

基于有限元理论进行的板料冲压成形 CAE 分析过程是一个材料条件、几何条件和边界条件三重非线性相互耦合的复杂成形过程，它与材料体积成形 CAE 分析过程相比较，具有以下特点：

（1）板料冲压成形是一个大挠度、大变形的问题，必须要采用有限变形理论才能正确地描述其变形特点。

（2）弹性变形和回弹不容忽略，必须加以考虑，一般不采用刚塑性材料模型，而采用弹塑性材料模型。

（3）由于材料本构关系和屈服条件具有相关性，必须选择能够描述板料各向异性特点的屈服准则。

（4）当板料冲压成形的挠度达到板厚的量级时，还必须要考虑到弯曲效应，选取合适的单元类型。

在板料冲压成形 CAE 分析过程中涉及的核心内容及其所采用的一些关键技术见表 1-1。

表 1-1　板料冲压成形数值模拟核心内容和关键技术

核　心　内　容	关　键　技　术
模具和工件的几何建模	点阵法、解析法、有限元网格法、参数法
有限元力学模型的建立	有限变形理论、应力状态、应变状态
有限元分析模型的建立	有限单元类型选择、有限元网格划分
板壳理论	板壳理论基本假设、各种板壳单元计算效率和计算精度
弹塑性本构关系	屈服准则的建立、流动准则的建立
模具和工件间接触界面处理	接触点处理、接触力计算、接触应力的计算
模具和工件间摩擦力的计算	摩擦机理、摩擦定律、摩擦力计算
有限元方程的求解方法	隐式法、显式法、隐式显式综合法

板料塑性成形有限元理论分为固体塑性有限元法（包括小变形和大变形弹塑性有限元法）和流体塑性有限元法（包括刚塑性有限元法和刚粘塑性有限元法）。研究板料冲压成形主要采用固体塑性有限元法中的大变形弹塑性有限元法。大变形弹塑性有限元法同时考虑了材料的弹性和塑性变形状态，弹性区采用 Hook 定律，塑性区采用 Prandtl-Reuss 方程和 Mises 屈服准则。大变形弹塑性有限元法以有限变形理论为基础，考虑到了大变形过程中的大位移和大转动对单元形状和有限元计算的影响。采用弹塑性有限元法分析板料冲压变形过程，不仅能够按照变形路径得到塑性区的变化，变形体的应力、应变分布规律和大小以及几何形状的变化，而且还能有效处理卸载问题，计算残余应力和残余应变，从而可以进行成形缺陷的分析预测。

1.2.1　有限变形的应变张量

考虑一个在固定笛卡儿坐标系内的物体，在某种外力的作用下连续地改变其位形。如图 1-2 所示。用 $^0x_i(i=1,2,3)$ 表示物体处于 0 时刻位形内任一点 P 的坐标，用 $^0x_i + \mathrm{d}^0x_i$ 表示和 P 点相邻的 Q 点在 0 时刻位形内的坐标。由于外力作用，在以后的某个时刻 t 物体运动并变形到新的位形，用 ^tx_i 和 $^tx_i + \mathrm{d}^tx_i$ 分别表示 P 点和 Q 点在 t 时刻位形内的坐标，可以将物体位形变化看作是从 ^0x_i 到 ^tx_i 时的一种数学上的变换。对于某一固定的时刻 t，这种变换可以表示为：

$$^tx_i = {}^tx_i({}^0x_1, {}^0x_2, {}^0x_3) \tag{1-1}$$

根据变形的连续性要求，这种变换必须是一一对应的，也即变换应是单值连续的，因此，上述变换应有唯一的逆变换，即存在下列单值连续的逆变换：

$$^0x_i = {}^0x_i({}^tx_1, {}^tx_2, {}^tx_3) \tag{1-2}$$

利用上述变换，可以将 d^0x_i 和 d^tx_i 表示成：

$$\mathrm{d}^0x_i = \left(\frac{\partial^0x_i}{\partial^tx_j}\right)\mathrm{d}^tx_j, \quad \mathrm{d}^tx_i = \left(\frac{\partial^tx_i}{\partial^0x_j}\right)\mathrm{d}^0x_j \tag{1-3}$$

将 P、Q 两点之间在时刻 0 和时刻 t 的距离 d^0s 和 d^ts 表示为：

$$(\mathrm{d}^0 s)^2 = \mathrm{d}^0 x_i \mathrm{d}^0 x_i = \left(\frac{\partial^0 x_i}{\partial^t x_m}\right) \cdot \left(\frac{\partial^0 x_i}{\partial^t x_n}\right) \mathrm{d}^t x_m \mathrm{d}^t x_n \tag{1-4}$$

$$(\mathrm{d}^t s)^2 = \mathrm{d}^t x_i \mathrm{d}^t x_i = \left(\frac{\partial^t x_i}{\partial^0 x_m}\right) \cdot \left(\frac{\partial^t x_i}{\partial^0 x_n}\right) \mathrm{d}^0 x_m \mathrm{d}^0 x_n \tag{1-5}$$

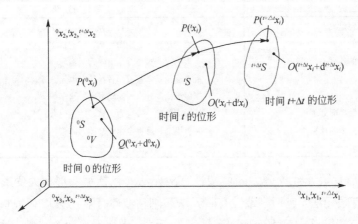

图 1-2 笛卡儿坐标系内物体的运动和变形

变形前后该线段长度的变化，即为变形的度量，可有两种表示，即：

$$(\mathrm{d}^t s)^2 - (\mathrm{d}^0 s)^2 = \left(\frac{\partial^t x_k}{\partial^0 x_i} \cdot \frac{\partial^t x_k}{\partial^0 x_j} - \delta_{ij}\right) \mathrm{d}^0 x_i \mathrm{d}^0 x_j = 2^t E_{ij} \mathrm{d}^0 x_i \mathrm{d}^0 x_j \tag{1-6}$$

$$(\mathrm{d}^t s)^2 - (\mathrm{d}^0 s)^2 = \left(\delta_{ij} - \frac{\partial^0 x_k}{\partial^t x_i} \cdot \frac{\partial^0 x_k}{\partial^t x_j}\right) \mathrm{d}^t x_i \mathrm{d}^t x_j = 2^t e_{ij} \mathrm{d}^t x_i \mathrm{d}^t x_j \tag{1-7}$$

这样就定义了两种应变张量，即：

$$^t E_{ij} = \frac{1}{2}\left(\frac{\partial^t x_k}{\partial^0 x_i} \cdot \frac{\partial^t x_k}{\partial^0 x_j} - \delta_{ij}\right) \tag{1-8}$$

$$^t e_{ij} = \frac{1}{2}\left(\delta_{ij} - \frac{\partial^0 x_k}{\partial^t x_i} \cdot \frac{\partial^0 x_k}{\partial^t x_j}\right) \tag{1-9}$$

$$\delta_{ij} = \begin{cases} 0 & i \neq j \\ 1 & i = j \end{cases}$$

$^t E_{ij}$ 是 Lagrange 体系的 Green 应变张量，它是用变形前坐标表示的，是 Lagrange 坐标的函数。$^t e_{ij}$ 是 Euler 体系的 Almansi 应变张量，是用变形后坐标表示的，它是 Euler 坐标的函数。

为了得到应变和位移的关系方程，引入位移场：

$$^t u_i = {}^t x_i - {}^0 x_i \tag{1-10}$$

$^t u_i$ 表示物体中一点从变形前（时刻 0）位形到变形后（时刻 t）位形的位移，它可以表示为 Lagrange 坐标的函数，也可表示为 Euler 坐标的函数，从式（1-10）可得：

$$\frac{\partial^t x_i}{\partial^0 x_j} = \delta_{ij} + \frac{\partial^t u_i}{\partial^0 x_j} \tag{1-11}$$

$$\frac{\partial^0 x_i}{\partial^t x_j} = \delta_{ij} - \frac{\partial^t u_i}{\partial^t x_j} \tag{1-12}$$

将它们分别代入式（1-8）和式（1-9），可得：

$$^t E_{ij} = \frac{1}{2}\left(\frac{\partial^t u_i}{\partial^0 x_j} + \frac{\partial^t u_j}{\partial^0 x_i} + \frac{\partial^t u_k}{\partial^0 x_i}\frac{\partial^t u_k}{\partial^0 x_j}\right) \tag{1-13}$$

$$^t e_{ij} = \frac{1}{2}\left(\frac{\partial^t u_i}{\partial^t x_j} + \frac{\partial^t u_i}{\partial^t x_i} - \frac{\partial^t u_k}{\partial^t x_j}\frac{\partial^t u_k}{\partial^t x_i}\right) \tag{1-14}$$

当位移很小时，式（1-13）、式（1-14）中位移导数的二次项相对于它的一次项可以忽略，这时 Green 应变张量 E_{ij} 和 Almansi 应变张量 e_{ij} 都简化为无限小应变张量 ε_{ij}，它们之间的差别消失，即：

$$E_{ij} = e_{ij} = \varepsilon_{ij} \tag{1-15}$$

由于 Green 应变张量是参考于时间 0 的位形，而此位形的坐标 $^0 x_i (i = 1, 2, 3)$ 是固结于材料的坐标，当物体发生刚体转动时，微线段的长度 $\mathrm{d}s$ 不变，同时 $\mathrm{d}^0 x_i$ 也不变，因此联系 $\mathrm{d}s$ 变化和 $\mathrm{d}^0 x_i$ 的 Green 应变张量的各个分量也不变。在连续介质力学中称这种不随刚体转动的对称张量为客观张量。

1.2.2 有限变形的应力张量

为了能对大变形进行分析，就必须要将应力和应变联系，当定义和有限应变相对应的应力时，也必须参照相同的坐标。

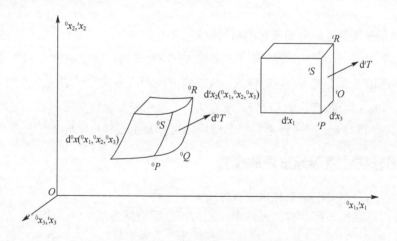

图 1-3 微元体变形前后的作用力

图 1-3 表示一个微元体变形前后作用在一个侧面上力的情况，左边微元体为变形前的状态，考察其一个侧面 $^0 P^0 Q^0 R^0 T$，该面法向的方向余弦为 $^0 \nu_i$，其面积为 $\mathrm{d}^0 s$，右边为变形后微体，侧面 $^0 P^0 Q^0 R^0 T$ 变为 $^t P^t Q^t R^t T$，其单位方面矢量为 $^t \nu_i$，其面积为 $\mathrm{d}^t s$。如果研究应力时参照变形后的当前坐标系，则作用在 $^t P^t Q^t R^t T$ 面上的力 $\mathrm{d}^t T$（其分量是 $\mathrm{d}^t T_i$）：

$$\mathrm{d}^t T_i = {}^t \sigma_{ij}{}^t \nu_j \mathrm{d}^t s \tag{1-16}$$

这种用 Euler 体系定义的应力称为 Cauchy 应力（$^t \sigma_{ij}$），此应力张量有明确的物理意义，代表真实的应力。同样对 $\mathrm{d}^t T_i$ 也即变形后 $^tP'^tQ'^tR'^tT$ 面上的力系采用 Lagrange 体系，用变形前坐标定义应力，有：

$$\mathrm{d}^t T_i = {}^t T_{ij}{}^0 v_j{}^0 \mathrm{d}s \tag{1-17}$$

这样定义的应力称为 Lagrange 应力，也称为第一皮阿拉-克希霍夫应力（First Piola-Kirchhoff stress）。Lagrange 应力不是对称的，不便于数学计算，因此将 Lagrange 应力前乘以变形梯度 $\dfrac{\partial^0 x_i}{\partial^t x_k}$ 得：

$$\frac{\partial^0 x_i}{\partial^t x_k}\mathrm{d}^t T_k = {}^t S_{ij}{}^0 v_j{}^0 \mathrm{d}s = \frac{\partial^0 x_i}{\partial^t x_k}{}^t T_{jk}{}^0 v_j{}^0 \mathrm{d}s \tag{1-18}$$

这样定义的应力称为 Kirchhoff 应力，或称为第二皮阿拉-克希霍夫应力（Second Piola-Kirchhoff stress）。

Kirchhoff 应力无实际物理意义，但是它与 Green 应变相乘构成真实的变形能。Cauchy 应力是真实的精确应力，因为它考虑了物体的变形，也即力 $\mathrm{d}T$ 的真实作用面积，显然比起工程应力（未考虑物体变形）要准确。同样 Cauchy 应力与 Almansi 应变相乘构成真实应变能，这种关系称为共轭关系。

根据 $^t v_j \mathrm{d}^t s$ 和 $^0 v_j \mathrm{d}^0 s$ 之间的关系，可以导出 $^t\sigma_{ij}$、$^t T_{ij}$ 和 $^t S_{ij}$ 之间的关系如下：

$$^t T_{ij} = \frac{^0\rho}{^t\rho}\frac{\partial^0 x_i}{\partial^t x_m}{}^t\sigma_{mj} \tag{1-19}$$

$$^t S_{ij} = \frac{^0\rho}{^t\rho}\frac{\partial^0 x_i}{\partial^t x_l}\frac{\partial^0 x_j}{\partial^t x_m}{}^t\sigma_{lm} \tag{1-20}$$

其中 $^0\rho$ 和 $^t\rho$ 分别是变形前后微体的材料密度。

由于 Cauchy 应力张量 $^t\sigma_{ij}$ 是对称的，由式（1-19）可知，Lagrange 应力张量 $^t T_{ij}$ 是非对称的。而 Kirchhoff 应力张量 $^t S_{ij}$ 是对称的。故在定义应力应变关系时通常不采用 Lagrange 应力，而采用对称的 Kirchhoff 应力和 Cauchy 应力，因为应变张量总是对称的。另外，Kirchhoff 应力张量 $^t S_{ij}$ 具有和 Green 应变张量类似的性质，物体发生刚体转动时各个分量保持不变。

1.2.3 几何非线性有限元方程的建立

（1）根据静力分析方法建立几何非线性有限元方程

在涉及几何非线性问题的有限元法中，通常都采用增量分析方法，考虑一个在笛卡儿坐标系内运动的物体，如图 1-3 所示。增量分析的目的是确定此物体在一系列离散的时间点 0，Δt，$2\Delta t$，…处于平衡状态的位移、速度、应变、应力等运动学和静力学参量。假定问题在时间 0 到 t 的所有时间点的解答已经求得，下一步需要求解时间为 $t+\Delta t$ 时刻的各个未知量。

在 $t+\Delta t$ 时刻的虚功原理可以用 Cauchy 应力和 Almansi 应变表示：

$$\int_{t+\Delta t_V}{}^{t+\Delta t}\sigma_{ij}\delta^{t+\Delta t}e_{ij}\mathrm{d}v = \int_{t+\Delta t_V}{}^{t+\Delta t}F_k\delta u_k\mathrm{d}v + \int_{t+\Delta t_{S_T}}{}^{t+\Delta t}T_k\delta u_k\mathrm{d}s \tag{1-21}$$

式（1-21）是参照 $t+\Delta t$ 时刻位形建立的，由于 $t+\Delta t$ 时刻位形是未知的，如果直接求解，在向平衡位形逼近的每一步迭代中，都要更新参照体系，导致了计算量的增加。方便起见，所有变量应参考一个已经求得的平衡构形。理论上，时间 0，Δt，$2\Delta t$，…，t 等任一时刻已经求得的位形都可作为参考位形，但在实际分析中，一般只做以下两种可能的选择：

① 全 Lagrange 格式（Total Lagrange Formulation，简称 T- L 格式），这种格式中所有变量以时刻 0 的位形作为参考位形。

② 更新的 Lagrange 格式（Updated Lagrange Formulation，简称 U-L 格式），这种格式中所有变量以上一时刻 t 的位形作为参考位形。

从理论上讲，两种列式都可用于进行板料成形的几何非线性分析，相比而言，U-L 格式比 T-L 格式更易引入非线性本构关系，同时由于在计算各载荷增量步时使用了真实的柯西应力，适合追踪变形过程的应力变化，所以在板料成形分析中一般都使用 U-L 格式。

以上一时刻 t 的位形作为参考位形，可以得到 $t+\Delta t$ 时刻的虚功原理的 U-L 格式：

$$\int_{t_V} {}^{t+\Delta t}_t S_{ij} \delta {}^{t+\Delta t}_t E_{ij} \mathrm{d}'V = \delta {}^{t+\Delta t}W \tag{1-22}$$

由于 t 时刻的应力应变已知，可建立增量方程：

$$ {}^{t+\Delta t}_t S_{ij} = {}^t \sigma_{ij} + \Delta {}^{t+\Delta t}_t S_{ij} \tag{1-23}$$

$$ \Delta_t E_{ij} = \Delta {}^L_t E_{ij} + \Delta {}^{NL}_t E_{ij} \tag{1-24}$$

其中：

$$ \Delta {}^L_t E_{ij} = \frac{1}{2}(\Delta_t u_{i,j} + \Delta_t u_{j,i}), \quad \Delta {}^{NL}_t E_{ij} = \frac{1}{2}\Delta_t u_{i,j}\Delta_t u_{j,i} \tag{1-25}$$

增量型本构关系为：

$$ \Delta {}^{t+\Delta t}_t S_{ij} = {}_t D_{ijkl} \Delta {}^{t+\Delta t}_t E_{ij} \tag{1-26}$$

将式（1-23）～式（1-25）代入式（1-26）并引入形函数可得平衡方程的矩阵表达形式为：

$$ ({}_t K_L + {}_t K_{NL})\Delta u = {}^{t+\Delta t}_t Q - {}_t F \tag{1-27}$$

其中：

$$ {}_t K_L = \int_{t_V} B^T_L {}_t D_t B_L \mathrm{d}'V \tag{1-28}$$

$$ {}_t K_{NL} = \int_{t_V} B^T_{NL} {}_t \sigma_t B_{NL} \mathrm{d}'V \tag{1-29}$$

$$ {}_t F = \int_{t_V} B^T_L {}_t \hat{\sigma} \mathrm{d}'V \tag{1-30}$$

以上各式中，${}_t B^T_L$ 和 ${}_t B^T_{NL}$ 分别是线性应变和非线性应变与位移得转换矩阵。${}_t D$ 是材料的本构矩阵，${}_t \sigma$ 和 $\hat{\sigma}$ 是 Cauchy 应力矩阵和向量，${}^{t+\Delta t}_t Q$ 是外部载荷向量。为了简单起见，以上只列出了一个单元的方程，严格说上述方程对于所有单元的整体才成立。

（2）根据动力分析方法建立几何非线性有限元方程

根据静力分析方法建立的几何非线性有限元方程适于静力问题和准静力问题，有其广泛的应用领域。对于加载速度缓慢，速度变化小，可以不考虑惯性力的准静力成形过程，采用静力分析非常有效。但如果载荷是迅速加上的，必须考虑惯性力，这类成形过程则为动力问题，必须进行动力分析。此时，因采用包括惯性力的运动方程（也可称为动力平衡方程），由虚功原理建立的有限元方程应包含惯性力和阻尼力功率项，以反映物体系统的惯性效应和物理阻尼效应。因此，类似于静力分析方法所建立的非线性有限元方程，根据动力分析方法进行非线性有限元方程的建立时，则弹塑性问题的动力虚功率方程为：

$$ \int_V \sigma_{ij}\delta \dot{e}_{ij}\mathrm{d}V = \int_v b_i\delta v_i\mathrm{d}V + \int_{s_p} p_i\delta v_i\mathrm{d}S + \int_{s_C} q_i\delta v_i\mathrm{d}S - \int_V \rho a_i\delta v_i\mathrm{d}V - \int_V \gamma v_i\delta v_i\mathrm{d}V \tag{1-31}$$

根据式（1-31），把整个物体离散为若干个有限单元，对于任一个单元 e 由虚功率方程建立有限元方程，所有单元方程的集合即可形成整个有限元方程。

对于任一单元 e，选取其形函数矩阵为 $[N]$，单元内任一点的位移、速度和加速度向量分别记为 $\{u\}$、$\{v\}$ 和 $\{a\}$，单元内任一点的位移、速度和加速度向量分别记为 $\{u\}^e$、$\{v\}^e$ 和 $\{a\}^e$，对三维问题有：

$$\begin{cases} |u| = [u_1 \quad u_2 \quad u_3]^T \\ |v| = [v_1 \quad v_2 \quad v_3]^T \\ |a| = [a_1 \quad a_2 \quad a_3]^T \end{cases} \tag{1-32}$$

$$\{u\} = [N]\{u\}^e, \{v\} = [N]\{u\}^e, \{a\} = [N]\{a\}^e \tag{1-33}$$

$$\{b\} = [b_1 \quad b_2 \quad b_3]^T \tag{1-34}$$

$$\{p\} = [p_1 \quad p_2 \quad p_3]^T \tag{1-35}$$

$$\{q\} = [q_1 \quad q_2 \quad q_3]^T \tag{1-36}$$

并记：

$$\{\sigma\} = [\sigma_{11} \quad \sigma_{22} \quad \sigma_{33} \quad \sigma_{12} \quad \sigma_{23} \quad \sigma_{31}]^T \tag{1-37}$$

$$\left\{\stackrel{\bullet}{e}\right\} = \left[\stackrel{\bullet}{e_{11}} \quad \stackrel{\bullet}{e_{22}} \quad \stackrel{\bullet}{e_{33}} \quad \stackrel{\bullet}{e_{12}} \quad \stackrel{\bullet}{e_{23}} \quad \stackrel{\bullet}{e_{31}}\right]^T \tag{1-38}$$

任一点的应变速率列阵 $\left\{\stackrel{\bullet}{e}\right\}$ 中的分量 $\left\{\stackrel{\bullet}{e_{ij}}\right\}$ 为：

$$\left\{\stackrel{\bullet}{e_{ij}}\right\} = \frac{1}{2}(v_{i,j} + v_{j,i}) \tag{1-39}$$

由式（1-38）和式（1-39）可得：

$$\left\{\stackrel{\bullet}{e}\right\} = [B]\{v\}^e \tag{1-40}$$

由此，可根据式（1-31）写出单元 e 的动力虚功率方程的矩阵式为：

$$\int_{V^e}(\{\delta v\}^e)^T[B]^T\{\sigma\}\mathrm{d}V = \int_{V^e}(\{\delta e\}^e)^T[N]^T\{b\}\mathrm{d}V + \int_{S_p^e}(\{\delta v\}^e)^T[N]^T\{p\}\mathrm{d}S$$
$$+ \int_{S_c^e}(\{\delta v\}^e)^T[N]^T\{q\}\mathrm{d}S - \int_{V^e}(\{\delta v\}^e)[N]^T\rho[N]\{a\}^e\mathrm{d}V - \int_{V^e}(\{\delta v\}^e)^T[N]^T\gamma[N]\{v\}^e\mathrm{d}V \tag{1-41}$$

则有：

$$\int_{V^e}\rho[N]^T[N]\mathrm{d}V[a]^e + \int_{V^e}\gamma[N]^T[N]\mathrm{d}V\{v\}^e = \int_{V^e}[N]^T\{b\}\mathrm{d}V + \int_{S_p^e}[N]^T\{p\}\mathrm{d}S$$
$$+ \int_{S_p^e}[N]^T\{p\}\mathrm{d}S + \int_{S_p^e}[N]^T\{q\}\mathrm{d}S - \int_{V^e}[B]^T\{\sigma\}\mathrm{d}V \tag{1-42}$$

式（1-42），即是单元有限元方程。将单元方程集合，即得整体有限元方程：

$$\sum(\int_{V^e}\rho[N]^T[N]\mathrm{d}V)\left\{\stackrel{\bullet\bullet}{U}\right\} + \sum(\int_{V^e}\gamma[N]^T[N]\mathrm{d}V)\left\{\stackrel{\bullet\bullet}{U}\right\} = \sum\int_{V^e}[N]^T\{b\}\mathrm{d}V$$
$$+ \sum\int_{S_p^e}[N]^T\{p\}\mathrm{d}S + \sum\int_{S_c^e}[N]^T\{q\}\mathrm{d}S + \sum\int_{S_p^e}[N]^T\{q\}\mathrm{d}S - \sum\int_{V^e}[B]^T\{\sigma\}\mathrm{d}V \tag{1-43}$$

令：

$$[M] = \sum \int_{V^e} \rho [N]^T [N] \mathrm{d}V \tag{1-44}$$

$$[C] = \sum \int_{V^e} \gamma [N]^T [N] \mathrm{d}V \tag{1-45}$$

$$\{P\} = \sum \int_{V^e} [N]^T \{b\} \mathrm{d}V + \sum \int_{S_p^e} [N]^T \{p\} \mathrm{d}S + \sum \int_{S_c^e} [N]^T \{q\} \mathrm{d}S \tag{1-46}$$

$$\{F\} = \sum \int_{V^e} [B]^T \{\sigma\} \mathrm{d}V \tag{1-47}$$

则式（1-43）可写成：

$$[M] \left\{ \begin{matrix} \bullet\bullet \\ U \end{matrix} \right\} + [C] \left\{ \begin{matrix} \bullet \\ U \end{matrix} \right\} = \{P\} - \{F\} \tag{1-48}$$

式（1-48）即为根据动力分析方法建立的非线性有限元方程的一般形式。其中，$\left\{ \begin{matrix} \bullet\bullet \\ U \end{matrix} \right\}$ 是整体节点加速度列阵；$\left\{ \begin{matrix} \bullet \\ U \end{matrix} \right\}$ 是整体节点速度列阵；$[M]$ 为整体质量列阵；$[C]$ 为整体阻尼列阵；$\{P\}$ 为外节点力列阵；$\{F\}$ 是由内应力计算的整体节点力列阵，称为内力节点力列阵。

对于板料冲压成形等属于大塑性变形的成形过程进行 CAE 分析，一般采用增量式。求解式（1-48）也存在很多种方法，例如：直接积分算法，显式积分算法，根据静力分析方法建立非线性有限元方程的求解方法同样适用于根据动力分析方法建立的非线性有限元方程式（1-48）的求解，其中显式积分算法则是应用相当广泛的一种积分算法。

1.3 ┃ 板料冲压成形 CAE 分析关键技术

1.3.1　有限元求解算法及常用板料冲压成形 CAE 分析软件

固体弹塑性有限元方法主要有静力隐式算法和动力显式算法两种。

静力隐式算法需要在迭代前判断接触条件，构建大型的刚度矩阵并求解，计算量大，速度缓慢，由于接触条件复杂，可能会出现迭代无法收敛的情况，稳定性差，但相对来说计算精度较高。

动力显式算法相比较静力隐式算法来说，由于在时间积分格式上采用显示格式，所以没有反复迭代过程，不需要构建大型的刚度矩阵并求解，因此计算量小，稳定性好。但不适合回弹模拟。

在国内外板料冲压加工领域中常采用的专业 CAE 分析软件包括：DYNAFORM、PAM-STAMP、LS-DYNA3D、ABAQUS/EXPLICIT 等都是基于动力显式算法的。在本教程中，所有实例分析均采用的是美国 ETA 公司和 LSTC 公司联合开发的基于 LS-DYNA3D 的板料成形 CAE 分析软件包 DYNAFORM-PC5.9。该软件包括 LS/DYNA 和 LS/NIKE3D 强大的分析功能和 ETA/FEMB 最新的前、后置处理器集成为单一的代码，专门用于板料冲压成形的 CAE 分析计算。该 CAE 软件的界面友好，操作容易掌握，能够有效解决板料冲压成形实际生产中出现的问题，很好地辅助专业技术人员进行新产品的设计分析。最新版本的 DYNAFORM-PC5.9 软件包（包括有 DYNAFORM 前后置处理器、LS-DYNA3D 板料成形和压边模拟显示有限元求解器以及能够分析板料回弹问题的 LS-NIKE3D 模块）非常适合于用来进行板料冲压成形 CAE 分析计算。

1.3.2 各向异性屈服准则的运用

冲压板料以钢板居多，冲压用钢板一般是经过多次辊轧和热处理制成，由于轧制使板材的纤维性和择优的结晶方构形成织构，具有明显的各向异性。这种各向异性对其成形规律有显著的影响，如在拉深成形过程中法兰区出现制耳、冲压件断裂位置和极限成形高度的改变等，所以在分析板料拉深成形问题时要考虑这种影响。假定变形体的各向异性，具有三个互相垂直的对称平面，这些平面的交线称为各向异性主轴。板料的各向异性主轴为沿着轧向、垂直于轧向和沿着板厚方向。目前在板材各向异性屈服条件中应用较多的有：描述厚向异性的 Hill 屈服准则和正交各向异性的 Barlat 屈服准则：

（1）Hill 屈服准则

1948 年，Hill 依照 Mises 屈服准则，并假设变形物体主应力状态主轴与各向异性主轴恰好一致时，提出了正交各向异性屈服条件。由于此时对板料成形可以使用平面应力的假设（$\sigma_{33} = \sigma_{13} = \sigma_{23} = 0$），Hill 正交各向异性二次屈服准则可简化为：

$$2f(\sigma_{ij}) = F\sigma_{22}^2 + G\sigma_{11} + H(\sigma_{11} - \sigma_{22})^2 + 2N\sigma_{12}^2 = 1 \tag{1-49}$$

F、G、H、N 是和材料屈服性能有关的各向异性常数，它们之间有以下关系：

$$F + H = \frac{1}{Y_{22}^2}, G + H = \frac{1}{Y_{11}^2}, F + G = \frac{1}{Y_{33}^2}, N = \frac{1}{2Y_{12}^2} \tag{1-50}$$

Y_{11}、Y_{22}、Y_{33} 和 Y_{12} 分别是对应方向的单向拉伸屈服应力。由于式（1-49）中的应力都是相对材料的各向异性主轴，当变形体的应力主轴和材料的各向异性主轴不同时，使用较为复杂，而通常变形的应力主轴与材料各向异性主轴都不一致。因此一般在使用 Hill 屈服准则时，忽略板料的面内异性，仅考虑板料的厚向异性（$F = G$），这时就可将材料的各向异性主轴取和应力主轴相同的坐标轴（$\sigma_{12} = 0$），此时有：

$$G + H = H + F = \frac{1}{\sigma_s^2} \tag{1-51}$$

其中 σ_s 是板料面内的屈服应力，并可得到简化的 Hill 屈服准则：

$$\begin{aligned}
f &= \frac{1}{2}(G + H)\left[\sigma_1^2 - \frac{2H}{(G+H)}\sigma_1\sigma_2 + \sigma_1^2\right] \\
&= \frac{1}{2\sigma_s^2}\left(\sigma_1^2 - \frac{2r}{1+r}\sigma_1\sigma_2 + \sigma_1^2\right)
\end{aligned} \tag{1-52}$$

或

$$\sigma_1^2 - \frac{2r}{1+r}\sigma_1\sigma_2 + \sigma_2^2 = \sigma_s^2 \tag{1-53}$$

1970 年，Woodthorpe 和 Pearce 的研究表明：Hill 二次屈服准则对 $r > 1$ 的板料符合得较好，但对于 $r < 1$ 的板料如铝板等则不尽相符。因此，1979 年 Hill 提出了更一般的屈服准则：

$$(1 + 2r)|\sigma_1 - \sigma_2|^m + |\sigma_1 + \sigma_2|^m = 2(1 + r)\sigma_s^m \quad (m > 1) \tag{1-54}$$

研究表明，此屈服准则能更好地描述 $r < 1$ 的板料的变形行为。

（2）Barlat 屈服准则

虽然 Hill 屈服准则也能考虑板材的面内各向异性，但是应力的计算要相对材料的各向异性主轴，处理较为复杂。而板料在成形时或多或少地表现出一定的面内异性，可用面内异性

系数 Δr 来表示，它的大小决定了拉深时凸缘"制耳"形成的程度，影响材料在面内的塑性流动规律。一般来说，Δr 过大，对冲压成形是不利的。

能较好描述板料成形面内各向异性的屈服准则是 1989 年 Barlat 和 Lian 提出的，能够合理描述具有较强织构各向异性金属板材的屈服行为，并且由多晶塑性模型得到的平面应力体心立方（bcc）和面心立方（fcc）金属薄板的屈服面是一致的。公式如下：

$$f = a|K_1 + K_2|^M + a|K_1 - K_2|^M + c|2K_2|^M - 2\sigma_s^M = 0 \qquad (1\text{-}55)$$

虽然 Hill 屈服准则也能考虑板材的面内各向异性，但是研究表明 Barlat 和 Lian 的屈服条件能更合理地描述具有较强织构各向异性金属板材的屈服行为，全面地反映了面内各向异性和屈服函数指数 M 对板材成形过程中的塑性流动规律及成形极限的影响。

在进行板料冲压成形 CAE 分析过程中，要根据所研究的具体成形工艺来选择使用如何采用两种屈服准则。例如重点是为了分析材料力学性能参数对冲压成形特性的影响时，如果主要是考虑成形极限和最大拉深力等一些宏观指标，一般可采用 Hill 屈服准则，因为其所需的分析数据容易获得，而且数值模拟结果和材料性能的关系容易总结；但如果重点是要分析冲压成形中的摩擦和润滑问题时，则可采用 Barlat 屈服准则，因为摩擦和润滑性能都与板料的面内各向异性有关，必须予以考虑。

1.3.3　单元类型及选择

1.3.3.1　单元类型

在进行板料成形 CAE 分析时单元类型的选择是非常重要的。进行单元类型选择的一般选择规律是：平面四节点板壳单元主要用于弹塑性金属成形，气囊以及关心精确度的成形分析中；平面三角形单元，因为刚度比较硬，不建议单独采用，但是在混合网格中采用较多，因为三角形壳单元，比退化的四边形网格算法好。膜单元因为不能受弯曲和断面剪应力，比较适用于用非常薄的板料以及拉张为主的变形中采用。

在进行冲压成形 CAE 分析中，一般采用在一定的假设条件下建立起来的板壳单元进行分析，可使问题的规模得以减小。由于壳体理论本身是近似简化的产物，必然会有不少研究者对板壳理论的几何关系、物理关系及平衡条件等提出各种简化，导致在板料成形有限元分析中，单元的选择非常多。

DYNAFORM 前处理模块为用户提供了很多可以进行选择的板壳单元类型，部分单元类型及单元公式名称，例举如下：

EQ.1: Hughes-Liu

EQ.2: Belytschko-Tsay (default)

EQ.3: BCIZ triangular shell

EQ.4: C0 triangular shell

EQ.5: Belytschko-Tsay membrane

EQ.6: S/R Hughes Liu

EQ.7: S/R co-rotational Hughes Liu

EQ.8: Belytschko-Leviathan

EQ.9: fully integrated membrane

EQ.10: Belytschko-Wong-Chiang

EQ.11: Fast Hughes-Liu

EQ.12: Plane stress 2D element (x-y plane)

EQ.13: Plane strain 2D element (x-y plane)

EQ.14: Axisymmetric Petrov-Galerkin 2D solid

EQ.15: Axisymmetric Galerkin 2D solid

EQ.16: fully integrated (BWC)

在众多的板壳单元中，EQ.1 Hughes-Liu（HL）单元和 EQ.2 Belytschko-Tsay（BT）单元是板料成形分析过程中应用得非常广泛的两种壳体单元，也是采用 DYNAFORM 软件进行 CAE 分析时采用最为普遍的两种单元类型。

EQ.1 HL 单元，是从三维实体单元退化而来，有很高的计算精度，其缺点是计算量太大。EQ.2 BT 单元采用了基于随体坐标系的应力计算方法，而不必计算费时的 Jaumann 应力，有很高的计算效率。

（1）Hughes-Liu 壳单元

Hughes-Liu 壳单元（简称 HL 单元）是基于 Ahmad 等于 1970 年提出的 8 节点实体单元发展起来的。Hughes-Liu 壳单元具有以下特点：

① 它是增量目标单元，刚体转动不产生应变，能够处理常见的有限应变。

② 它比较简单，计算的效率和稳定性比较高。

③ 它从实体单元退化而来，和实体单元兼容，从而可以应用许多为实体单元开发的新技术。

④ 它包含横断面的有限剪应变。

⑤ 必要时，它还可以考虑厚向的减薄应变。

正因为如此，Hughes-Liu 壳单元是最早被 LS-DYNA 有限元求解器采用的壳单元，迄今为止仍然是 LS-DYNA 采用主要壳单元之一。

（2）BT 壳单元

Hughes-Liu 壳单元由于单元公式比较复杂，计算量较大，在求解大型复杂的板料成形问题时需要较长的计算时间。为了提高计算效率，引进了 Belytschko-Lin-Tsay 壳单元（简称 BT 单元），它采用了基于随体坐标系的应力计算方法，随着壳单元一起运动，降低了计算非线性运动的复杂度，不必计算费时的 Jaumann 应力，而具有很高的计算效率。在一般情况下，BT 单元能得到与 HL 单元较为一致的计算效果。在显式有限元分析中，BT 单元成为较为常用的一种单元。BT 单元具有如下特点：

① BT 单元是基于随动坐标系和速度位移方程建立单元方程的；根据随动坐标系的 BT 单元方程避免了在单元中嵌入坐标系而导致的非线性动态的复杂性。

② BT 单元方程的计算速度效率非常高。如果是 5 个积分点，BT 单元需要 725 次数学计算，而一点 HL 单元需要 4066 次数学计算；如果采用 HL 单元选择减缩积分则需要 35367 次数学计算。

③ BT 单元的动量方程假设节点位于同一个平面。基于 DYNAFORM 软件进行板料成形 CAE 分析的单元选择中，通常有两种选择：一个是采用面内一个节点的单元方程，例如 BT 单元，它的动量方程是建立在节点位于同一个平面上。因此整个单元平面内只有 1 个节点，采用这种单元方程进行分析计算时，如果以分析拉伸变形为的板料成形，主要考虑成形过程板料的减薄和拉伸变形量，采用面内有一个积分点的 BT 单元将不会存在显著的误差，而计算速度非常快，可以节省大量 CUP 分析时间和计算机的内存空间，并且还能得到较满意的成

形分析结果。但如果是分析大变形量的弯曲成形及回弹分析，则可能有较大分析误差，因此在进行此类型冲压成形分析时，最好不采用 BT 单元。而建议采用在单元平面内具有多个节点的单元类型较为合适，即尽量采用全积分单元，例如 EQ.2 BWC 单元。

分析板料成形工艺时，BT 单元通常是目前板壳单元的最佳选择单元类型，在 DYNAFORM 软件中它已经成为 4 节点板壳单元的缺省选择的单元类型，也是当前国际通用的板料成形仿真软件的默认单元公式。

此外根据以上两种单元类型及相应的单元公式而进化的多种进阶单元公式在板料成形有限元分析模拟中也得到了较多的应用。这些进化的板壳单元类型主要有：

① Belytschko-Wong-Chiang 薄壳单元公式。这是 Belytschko-Tsay 单元的改进版，主要特点是这种单元属于全积分单元，在单元平面内有四个节点，对于进行变形量大的弯曲成形及回弹模拟分析，由于成形的应力分布对分析结果影响很大，而且在弯曲和非弯曲时单元平面内应力是不一致的，因此对于变形量大的弯曲成形及回弹分析而言，在单元平面内必须选择多个积分点，BWC 单元内有四个结点可以较好地满足大变形量弯曲成形及回弹分析的需求，建议在大变形量的弯曲和回弹中采用此单元类型，采用这种单元的计算速度比 BT 单元慢 3 倍至 5 倍，但它可以较好地获得更为合理和精确的成形应力的分布，也就较好地弥补了 BT 单元的在进行大变形量弯曲成形及回弹分析时的不足之处。

② Belytschko-Leviathan 薄壳单元公式。这是 DYNAFORM 也大力推荐的单元公式。该公式采用的也是平面内一个点节的一点积分算法，它的主要特点是可自动控制沙漏现象的发生，但是计算速度较 BT 单元慢 50%左右。

③ General Huges-Liu 薄壳单元公式。该公式采用一点积分，特点是精度较 BT 单元高，但是计算速度较 BT 单元慢 200%左右。

④ Full integrated shell element 薄壳单元公式。这是隐式有限元分析中最常用的单元公式，该公式采用四点积分，特点是不会发生沙漏现象，计算速度比 BT 单元公式耗时多 1 倍左右。

⑤ S/R Huges-Liu 薄壳单元公式。这是最原始的 Huges-Liu 薄壳单元公式，该公式采用四点积分，特点是不会发生沙漏现象，计算速度比 BT 单元公式耗时多 20 倍左右。

⑥ S/R co-rotational Huges-Liu 薄壳单元公式。该公式采用四点积分，特点是不会发生沙漏现象，计算速度比 BT 单元公式耗时多 9 倍左右。

⑦ Fast（co-rotational）Huges-Liu 薄壳单元公式。该公式采用一点积分，计算速度比 BT 单元耗时多 1 倍左右。

根据上述阐述，采用进化的板壳单元具有较高的计算精确度，但是和 BT 单元相比稳定性较差。

1.3.3.2　单元厚度方向积分点个数的选择

基于 DYNAFORM 软件进行单元网格类型选择时，除了要考虑如何选择单元类型外，还需要对单元厚度方向的积分点个数选择加以考虑，具体阐述如下：

厚度方向上的积分点主要目的在于使用恰当的积分点个数，来表达厚度方向上的应力分布状况。对于不同的应力分布情况如何选择合适的积分点，充分表达分布状况，是值得研究的。积分点越多精度越高，但是也会带来计算量以及计算时间的增加，从而增加模拟成本。所以如何在满足工艺要求的情况下使用最少的积分点表达应力分布是积分点选择的主要依据。如图 1-4 所示是几种厚度方向的应力情况。

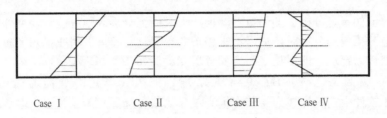

图 1-4　几种厚度方向的应力情况

Case Ⅰ—纯弹性弯曲　　　　Case Ⅱ—弹性和塑形弯曲
Case Ⅲ—弯曲+拉伸　　　　Case Ⅳ—回弹后

当积分点为两个时。对于 Case Ⅰ 来说，是纯弹性弯曲，应力变化是线性的，只需要在中性层和上层面各取一个积分点，由于弹性的线性原则，两个积分点就可以表示整个应力分布状况，所以不需要再添加积分点。对于 Case Ⅱ、Case Ⅲ、Case Ⅳ 来说，由于变形复杂，是非线性的关系，这时，上层面和中性层各一个积分点就不能反映应力分布的情况，所以对于后三种情况选择两个积分点就会出现错误。

当积分点为 3 个时。对于 Case Ⅰ 来说，是纯弹性弯曲，应力变化是线性的，无论取多少个积分点效果和两个积分点效果一致。对于 Case Ⅱ 来说，是由弹性弯曲和塑形弯曲结合而成，那么对于弹性阶段可选择中性层和弹性塑性转折点处两个积分点，对于塑性阶段可近似选择上层面以及弹性塑性转折点两个积分点近似表示，那么一共 3 个积分点就可以近似表示应力分布情况。对于 Case Ⅲ 来说选择中性层，上表面和中间某一位置的积分点 3 个来近似表示曲线曲率也可以近似表示应力分布情况，所以 3 个积分点对于 Case Ⅱ，Case Ⅲ 来说可以近似表示，但是由于是近似表示，所以有比较小的偏差。对于 Case Ⅳ 来说，由于回弹后的弯曲变形，有类似 3 个中性层，那么 3 个积分点完全不能表达应力分布的情况，所以会有比较大的偏差。

由此可知道，5 个积分点和 7 个积分点在应对 Case Ⅰ 时是没有问题的，再其他情况下是有较小的偏差，相对于 3 个积分点来说，精度更高，当积分点大于 7 时，精度不会有明显的提高，而且增加的积分点会成倍加大计算时间和计算机的负担，提高模拟成本。

那么结合工程实际应用对于不用的分析类型建议读者采取不同的积分点个数，如：计算重力载荷，可以近似于纯弹性弯曲，取两个积分点。对于成型分析，由于涉及弹塑性变形，取 3 或 5 个积分点。对于回弹分析，建议取 7 个积分点。

1.3.3.3　单元类型的选择原则

① BT 单元，BWC 单元，HL 单元采用面内单点积分，全积分采用四点积分。无论是面内单点积分还是四点积分，主要考虑计算精度和计算速度的平衡，在保证工艺要求精度的情况下尽量提高速度，兼顾模拟效率。结合工程实际，根据不同的需要灵活选取。一般情况下采用单点积分，回弹采用全积分。

② 所有壳单元厚度方向可以用任意多个积分点。积分点的个数决定了模拟精度，但是对于不同应力分布的情况，积分点的选取也同，结合上文给出的选取原则，一般情况下冲压成形模拟在厚度方向上的积分点可以选择 3 或 5，而回弹建议选择 7，大于 7 的积分点只会增加模拟成本，而对精度提高没有明显影响，不建议采用。

③ 对弹性变形沿厚度方向用两个积分点即可。由于弹性变形是线性关系，两个积分点就可以确定一条直线，所以两个或两个以上的积分点和两个积分点效果一致。

④ 塑性行为沿厚度方向用 3~5 个积分点，回弹可以用 7 个积分点。

⑤ 避免使用小单元，以免缩小时间步长。如果使用，请同时使用质量缩放。但是单元的划分还是需要控制在能够表现型面曲面特征的基础上。例如一个圆角，半径是 10mm，为了表现此圆角的曲面形状，单元网格划分不能取 5mm，那样 10mm 的圆角就失真了，为了表现此圆角至少使用 3mm 或以下的网格。任何单元尺寸的确定原则都是在保证模拟精度的前提下尽量采取大单元来提高计算速度和效率。

⑥ 减少使用三角形单元。三角形单元刚度太大，且变形积分的计算没有四边形来的稳定和精确，尽量在零件外围不重要的地区采用三角形单元。

⑦ 避免锐角单元和翘曲单元，否则会降低计算精度。这两种单元是属于不合格单元，应该在进行单元检查时尽量避免。可采取修改、删除、合并等方式处理。

1.3.4　有限元网格划分技术

1.3.4.1　网络划分时应考虑的主要问题

由于有限元法是根据变分原理来求解数学物理问题的数值分析方法，从研究有限数量的单元的力学特征着手，得到一组以节点位移为未知量的代数方程组。因此，在有限元 CAE 分析技术中，网格划分技术就成为了建立有限元分析模型的一个重要环节，由于网格划分的形式和质量直接影响到 CAE 分析计算的精度和计算速度。要建立起合理的有限元分析模型，在网格划分中应考虑的问题主要有：

（1）单元网格数量

网格数量将直接影响到计算结果的精度和计算速度。一般而言，网格数量增多，计算精度将有所提高，但计算速度将有所降低，反之亦然，所以在确定网格数量时应根据分析的具体冲压件的外形特点、工艺要求等，根据计算精度和计算速度两个因素对网格数量的多少加以权衡，综合考虑。

（2）单元网格密度

虽然网格数量将直接影响到计算结果的精度和计算速度，但是对于形状复杂的大型覆盖件或者其他构件，单纯的网格数量并不能精确反映零件的变形情况，这时，就需要引入单元网格密度的概念。对于任意结构的零件，精确应力在零件内部的分布应该是连续的，而有限元法是将零件分为有限的单元，分别计算单元内部的应力，最后整合。所以单元和单元之间的应力分布是不连续的。对于型面复杂的零件或者零件中型面复杂的区域来说，这个应力不连续的幅值就是衡量网格划分是否合理的一个标准。因此在型面复杂的区域，也就是需要有高精度要求的区域内，网格的密度可以相对大一些，而在型面不复杂的区域，也就是不需要有高精度要求的区域内，网格的密度可以相对小一些，具体的网格密度需要依据分析精度的要求来确定。

（3）单元网格大小

单元网格大小需要根据所分析的冲压零件的外形轮廓和结构特点进行选择，在零件不同结构和部位上可采用不同大小的单元网格，使整个冲压零件根据结构或部位的不同划分出大小不同的单元网格。例如：在外形结构变化较大，造成计算数据变化梯度较多的结构或部位上，为了更好地反映零件结构或部位的变形特点，较好地反映出数据变化规律，需要采用较小、相对密集的单元网格，而在外形结构变化不大，不能引起计算数据梯度有较大变化的结构或部位上，为了提高计算速度，则可采用较大的、较稀疏的单元网格。

（4）单元网格形状

单元网格大小还需要结合单元网格形状加以考虑才能精确描述零件的变形情况。在有限元法中，单元网格形状最好是规则单元（这样单元应力计算的精度较高）。规则单元是指没有发生变形的单元，例如：正方形单元就是四边相等的正方形。单元网格发生扭曲，会降低有限元模拟的精度。然而，即使初始的单元网格都是规则的，但是在冲压变形的过程中随着变形程度增加，单元网格势必发生扭曲，造成精度下降，如果精度下降的幅度不符合设计要求，则需要增加网格密度来提高精度以满足设计要求。

（5）板料网格划分要求

在有限元模拟金属板材的冲压变形过程中，坯料处于塑性变形状态且由于零件形状各异，需要按照工艺要求合理设置坯料单元网格的数量、密度、大小和形状。按照一般原则：单元网格数量要控制在满足精度要求的情况下尽量少，以减少计算时间，提高效率；对于在变形量大的零件或零件变形复杂的区域要相应增加单元网格密度，提高计算精度；单元网格大小要依据变形区域情况确定，变形量大，形状复杂的区域，单元网格要小，反之亦然；单元网格形状应尽量采用四边形单元。

（6）模具网格划分要求

有限元模拟金属板材冲压变形过程中模具网格的划分必须精确的表达模具表面的空间形状，以及与坯料网格划分相互匹配。有时模具的空间结构十分复杂，要精确表达模具表面空间形状就不得以使用大量的三角形单元。同时由于模具变形量相较板料微小得多，在有限元模拟中一般将模具视作刚体处理，即不参与应力、应变计算，所以模具的网格不参与有限元矩阵迭代计算过程，不会对 CPU 造成负担，并且由于网格是非变形单元，不会发生四边形那样的扭曲现象。因此在实际模拟中，对于模具网格划分的首要要求就是，尽量将模具网格细化，在不影响计算效率的同时，提高精度。另外模具网格的划分也需要与坯料网格的划分相适应，保证接触的位置相互吻合，提高接触力分布的精确程度。

（7）避免沙漏现象

在有限元模拟金属板材的冲压变形过程中，采用一点积分虽然可以提高计算速度，但很容易产生沙漏现象。产生沙漏现象时，网格呈现锯齿状，降低了模拟的精度，甚至导致模拟失败，在应用上应将该现象控制在最小程度。

由于沙漏只影响坯料上的单元计算，不影响模具上的单元并且不影响三角形壳单元，所以在坯料网格的划分中，采用细密的网格划分能有效减少沙漏现象发生。

迄今为止，有限元网格划分技术一直是国内外有限元研究及应用的热点之一，由此产生了许多不同的有限元网格划分算法，在板料冲压成形 CAE 分析中，常用的算法有：映射法、Delaunay 三角形剖分法、四叉树法等。目前有限元网格划分技术已经从 2 维网格划分发展到 3 维网格划分，但在板料冲压成形中，由于考虑的主要是板料在变形过程中长、宽两个方向上的变形情况，在进行实际网格划分中一般生成四边形网格，在不能生成四边形网格的局部或外形轮廓处生成三角形网格并且在网格划分同时，节点和单元同时生成。

1.3.4.2 DYNAFORM 软件中的网格划分

（1）板料的网格划分

DYNAFORM 软件中的网格划分基本原则与有限元分析中网格划分的主要注意问题原则一致，DYNAFORM 软件控制板料网格的参数主要有 Tool Radius 和 Element Size 两个参数，由这两个参数来控制模拟中的坯料网格。Tool Radius 的意思是工具上你所关心的最小圆弧半径，通过这个圆弧半径来确定所需单元的尺寸大小，软件默认的缺省的转换是按网格细分 3 级以及一个 90°圆弧上基本划分为三个单元来估算。例如：所关心的最小圆弧半径是 6mm，成形的最后阶段的最小单元尺寸大约是：$6 \times \sin(90/6) \times 2 = 3$mm。如果网格细分等级是 3，那么初始单元尺寸大约为 $3 \times 2 \times 2 = 12$mm。另外，板料网格划分的基本要求是：尽可能采用尺寸均匀正方形单元；如果三角形单元不可避免，尽量放在板料的外围；板料内部都没有自由边界；不能有重叠单元、崩溃的单元。Element Size 的意思就是设定了板料网格的最大尺寸，用此来控制坯料的网格。

（2）工模具的网格划分

① 工模具网格大小的选择。由于 DYNAFORM 软件中，工模具的网格并不参与时间步长的计算，计算时间是由坯料网格的大小，数量以及密度决定的，所以，对于工模具网格的划分来说，需要精确的描述模具的几何型面，包括圆角以及复杂型面的区域应该采用细密的网格，以便于精确的反映型面。而曲率变化不大的区域，或是坯料外围的区域，由于成形模拟精度要求不高，可以采用较稀疏的网格。那么工模具网格的划分主要由四个参数控制，通过相互影响来控制网格的划分，四个参数包括：Max size——单元最大尺寸；Min size——单元最小尺寸；Chordal——弦高；Angle——相邻单元边的夹角。通过这四个参数的不同组合，控制工模具的网格划分，达到在不影响计算精度的前提下，尽量提高效率的结果。

② 工模具网格质量基本要求。DYNAFORM 对于工模具的网格质量有严格的要求。网格可以是四边形，也可以是三角形，这根据不同零件的工艺要求而定，但是，网格不允许有重叠、破损、崩溃、退化、负角的现象。对于有特殊要求的工模具网格来说，还要求单元长宽比在一定的范围内。

③ 工模具的网格质量检查及分析。DYNAFROM 提供了诸多的工模具网格检查手段，帮助用户检查工模具网格的质量。主要检查手段包括："Auto Plate Normal"单元法向方向的检查，该功能可以使所有单元的法向方向一致，每次对网格进行修改后必须实用该检查手段确保方向一致；"Boundary Display"单元边界检查，该功能可以通过高亮的线段显示工模具的网格是否有缺陷，错误，结合单元缩放功能，用户可以对单元网格进行相应的修补，诸如，剪切，删除，创建等；"Overlap Element"单元重叠检查，该功能可以检查出重叠的单元（一个单元的节点和另外一个单元的节点完全重叠）避免因重叠单元造成模拟失败；"Coincide Node"重合节点检查，该功能可以检查出重合的节点，且可以自动判断节点是否重合；"Element Size"单元尺寸设定，该功能可以帮助用户设定单元尺寸的限额，小于这个限额的单元会被删除，合理的限额设定可以帮助用户删除退化的单元。

（3）自适应网格划分及其特点

DYNAFORM 还提供工模具网格的自适应划分选项。自适应网格的划分是指在 LSDYNA 求解器在计算时，由于某些区域的应力应变情况复杂，变化剧烈，原始的网格大小可能无法表达变形的变化，需要更细化的网格，因此，软件会根据用户设定的自适应划分等级来自动细化网格，细化后的网格呈几何倍的缩小， 细化等级的解释，可以参照图 1-5 所示。

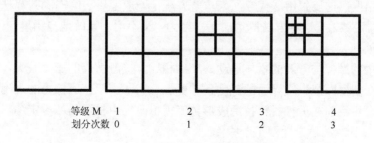

等级 M　　1　　　　　2　　　　　3　　　　　4
划分次数　0　　　　　1　　　　　2　　　　　3

图 1-5　自适应网格划分示意图

如图 1-5 所示网格自左向右的划分等级依次为 1、2、3、4。划分等级为 1 时，网格划分次数为 0，没有经过划分。划分等级为 2 时，网格划分次数为 1，也就是一次划分，网格由原来的边长 L 变成 $L/2$。划分等级为 3 时，网格划分次数为 2，也就是两次划分，网格由原来的边长 L 变成 $L/4$。划分等级为 4 时，网格划分次数为 3，也就是三次划分，网格由原来的边长 L 变成 $L/8$。

1.3.5　边界条件的处理技术

板料冲压成形过程中，随着冲头的运动，冲头和模具表面因和板料接触而对板料施加的作用力是板料得以成形的动力。在接触过程中，板料的变形和接触边界的摩擦作用使得部分边界条件随加载过程而变化，从而导致了边界条件的非线性。正确处理边界接触和摩擦是得到可信分析结果的一个关键因素。

1.3.5.1　边界接触的相关理论计算

（1）接触力计算

板料冲压成形完全靠作用于板料上的接触力和摩擦力来完成。因此接触力和摩擦力的计算精度直接影响板料变形的计算精度。接触力和摩擦力的计算首先要求计算出给定时刻的实际接触面，这就是所谓的接触搜寻问题。接触力计算的基本算法有两种，一种是罚函数法，另一种是拉格朗日乘子法。在罚函数法中位于一个接触面上的接触点允许穿透与之相接触的另一个接触面，接触力地大小与穿透量成正比，即：

$$f_n = -\alpha S \tag{1-56}$$

式中，α 是罚因子，S 是接触点的法向穿透量，负号表示接触力与穿透方向相反。罚因子的取值过小会影响精度，过大会降低计算的稳定性，在实际计算时要认真选取。在拉格朗日乘子法中，接触力是作为附加自由度来考虑的，其泛函形式除了包含有通常的能量部分外，还附加了拉格朗日乘子项：

$$\Pi(u,\lambda) = \frac{1}{2}u^T K u - u^T F + \lambda^T (Qu + {}^0D) \tag{1-57}$$

式中，u 是节点位移向量，K 为刚度矩阵，F 为节点力向量，λ 是拉格朗日乘子向量，$D = (Qu + {}^0D)$ 为接触点地穿透量向量。对能量泛函式（1-57）变分，建立有限元方程，见式（1-58）所示：

$$\begin{bmatrix} K & Q^T \\ Q & 0 \end{bmatrix} \begin{bmatrix} u \\ \lambda \end{bmatrix} = \begin{bmatrix} F \\ -{}^0D \end{bmatrix} \tag{1-58}$$

求解方程即可求得节点位移和拉格朗日乘子，拉格朗日乘子的分量即为接触点处的法向接触力。拉格朗日乘子法是在能量泛函极小地意义上满足接触点互不穿透的边界条件，它增加了系统地自由度，需要采用迭代算法来求解方程，一般适用于静态隐式算法。在显式算法中，一般采用罚函数法。这种方法既考虑了接触力，又不增加系统地自由度，计算效率较高。

（2）摩擦处理

板料成形中的摩擦与一般的机械运动的摩擦相比，接触面上的压力较大，摩擦过程中的板料表面不断有新生面产生，界面的温度条件更加恶劣。因此，摩擦力的准确计算对板料成形分析十分重要。目前在进行板料拉深成形数值模拟研究中常用的摩擦定律仍为库仑摩擦定律，只是为了数值计算的稳定性做了一些修正。

由库仑摩擦定律知，当两接触物体间的切向摩擦力 f_t 小于临界值 f_{tc} 时，两接触面间的相

对滑移 u_t =0，而当 $f_t = f_{tc}$ 时，相对滑移是不定的，需由外界载荷和约束条件确定。按照经典摩擦定律计算的摩擦力为：

$$f_t = -\mu f_n \vec{t} \tag{1-59}$$

式中，μ 是摩擦因数，f_n 是接触点的法向接触力，$\vec{t}$ 是相对滑动方向上的切向单位向量：

$$\vec{t} = \frac{\vec{v}_r}{|v_r|} \tag{1-60}$$

式中，$\vec{v}_r$ 是相对滑动速度向量。

目前一般是通过引入光顺函数来修正库仑摩擦定律，可用的光顺函数有反正切函数和双曲正切函数，可得到以下修正的库仑摩擦定律：

$$f_t = -\mu f_n \frac{2}{\pi} \arctan\left(\frac{|\vec{v}_r|}{v_c}\right)\vec{t} \tag{1-61}$$

$$f_t = -\mu f_n \tanh\left(\frac{|\vec{v}_r|}{v_c}\right)\vec{t} \tag{1-62}$$

上式中的 v_c 是一个给定的相对滑动速度，它的大小决定了修正的摩擦模型和原模型的相近程度。太大的 v_c 会导致有效摩擦力数值的降低，但是迭代相对容易收敛，而太小的 v_c 虽然能够较好模拟摩擦力的突变，但使求解的稳定性下降。修正的摩擦模型，式（1-61）和式（1-62）近似，如图 1-6 所示。经典库仑摩擦定律是从最初适用的刚体一般化到变形体，是在遵循"切向力到达某一临界值时，接触表面才会在局部产生滑移"这一假设的前提下应用的。尽管这一假设在一定的情况下有效，但严格地说它是不成立的。实验发现，只要有切向力存在，两接触表面就会产生滑移，据此又提出了一些非线性的摩擦定律。但是这些摩擦模型有的过于复杂，有的一些系数很难通过实验得到，使用的较少。由以上分析可知，板料拉深过程的润滑与流体动压润滑、流体静压润滑和弹性流体动力润滑存在很大的区别，不能用单一的理论来解释，这也是至今还没有一种能圆满解释板料拉深成形过程中润滑现象的理论的原因之一。

目前在板料冲压成形 CAE 分析时，为了降低问题的复杂程度，常用的摩擦定律仍是经典库仑摩擦定律，但为了提高分析的精度，进行实际工艺分析中，可采用通过具体摩擦试验所获得的实际摩擦因数进行相关 CAE 分析计算的。

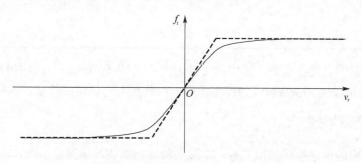

图 1-6　修正的库仑摩擦模型示意

1.3.6　时间步长的计算

在求解过程中，LS-DYNA 计算所需的每个时间步长内，都需要检查所有单元（刚体除外），用最小单元来决定时间步长。

$$\Delta t^{n+1} = \alpha_{\min} \left\{ \Delta t_1, \Delta t_2 \cdots, \Delta t_n \right\} \tag{1-63}$$

其中，n 是单元数量。

为了计算数值的稳定，通常需要采用一个比例因子 α，通常采用缺省值 0.9。特殊情况需要使用更小的值或者考虑双精度。为了减少求解时间，可以使用较大的，保证稳定性的时间步长。临界（或最小）时间步长为：

$$\Delta t_{\min} = \frac{2}{\omega} = 2 \times \sqrt{\frac{m}{k}} = \frac{L}{C} \tag{1-64}$$

式中　C ——声音在 3D 连续介质中传播的速度，m/s；

　　　L ——单元的特征长度；

　　　ω ——频率，Hz；

　　　k ——刚度；

　　　m ——质量，kg。

对于体单元来说：

$$C = \sqrt{\frac{E(1-\nu)}{(1+\nu)(1-2\nu)\rho}} \tag{1-65}$$

对于杆单元来说：

$$C = \sqrt{\frac{E}{\rho}} \tag{1-66}$$

式中　E ——是杨氏模量；

　　　ν ——是泊松比；

　　　ρ ——密度，kg/m^3。

表 1-2　声波在不同材料中传播速度

介质	传播速度/（m/s）
空气	331
水	1478
钢	5240
铝	5328
钛	5220
树脂玻璃	2598

声音在两种最常见的金属铁、铝中的传播速度范围是 5000m/s，在两种材料中，单元特征值 5mm，时间步长 1μs 通常被设为行业标准，声波在不同材料中传播速度见表 1-2。

1.3.7　速度选取原则

虚拟冲压速度的设定按照模拟原则，本质上应该与真实冲压速度一致，但是那样计算时间过长，所以一般在实际模拟时，冲压速度设定为数千毫米每秒。冲压速度过快，在网格和时间步长合理的情况下会引起质量缩放增加，从而造成模拟结果错误，一般可以通过观察质量缩放比例来调整冲压速度，当比例小于 20% 时可以认为速度合理，当比例大于 20% 时，可以初步判断速度过大，应该适当减小速度。

1.3.8　提高分析效率的方法

本教程实例均采用板料成形 CAE 分析软件——DYNAFORM 软件进行分析计算，该软件以动力显式算法为主，但对重力载荷和回弹等采用隐式算法，因此在进行具体 CAE 分析计算时，需确保每步时间增量必须小于由系统最高固有频率所确定的临界时间步长。对于板料冲压成形问题，因为这个临界时间步长通常要比成形时间小几个数量级，所以利用动力显式解法求解板料成形过程受到了一定的限制，为能够确保在可接受的时间内完成分析，实际计算中主要可采用以下方法以提高 CAE 分析计算效率：

（1）提高虚拟冲压速度　计算时使冲压速度提高 n 倍，则整个分析时间可降低 n 倍。但这种虚拟的冲压速度势必造成计算结果可信度的降低。应该通过实际的计算并和实验结果相比，从而在精度和效率上寻求一种平衡。根据经验，若能使整个变形时间在最大固有周期 10 倍以上，即可保证选择的虚拟速度较合理。

（2）提高虚拟质量　将板料质量密度提高 n 倍，则临界时间步长可增大 $n^{1/2}$ 倍，相应地计算时间缩短 $n^{1/2}$ 倍。但是在惯性力影响较大的场合，使用虚拟质量必须慎重。虚拟冲压速度和质量密度会带来额外的动态效应从而引起计算误差。因此，必须选择合理的虚拟冲压速度和质量密度以兼顾计算的效率和计算精度。

1.4　板料冲压成形缺陷分析

板料冲压成形过程中会产生不同的成形缺陷。各种缺陷对冲压零件的尺寸精度、表面质量和力学性能将产生较大影响。总体而言，板料冲压成形过程中所产生主要成形缺陷有：起皱、破裂和回弹三种类型。

1.4.1　起皱

起皱是压缩失稳在板料冲压成形中的主要表现形式。薄板冲压成形时，为使金属产生塑性变形，模具对板料施加外力，在板内产生复杂的应力状态。由于板厚尺寸与其他两个方向尺寸相比很小，因此厚度方向是不稳定的。当材料的内应力使板厚方向达到失稳极限时，材料不能维持稳定变形而产生失稳，此种失稳形式为压缩失稳。另外，剪切力、不均匀拉伸力以及板平面内弯曲力等也可能引起起皱。起皱的临界判断一般基于三种准则：静力准则、能量准则和动力准则。在有限元数值模拟中比较通用的是建立在能量准则基础上的 HILL 提出的关于弹塑性体的失稳分支理论。

采用 DYNAFORM 软件进行具体计算时，可通过观察成形极限图及板料厚点增厚率来预测和判断给定工艺条件下冲压零件可能产生的起皱，并通过修改毛坯形状、大小，模具几何参数或冲压工艺参数，如：压边力大小、模具间隙等措施予以消除。

1.4.2　破裂

破裂是拉伸失稳在板料冲压成形中的主要表现形式。在板料成形过程中，随着变形的发展，材料的承载面积不断缩减，其应变强化效应不断增加。当应变强化效应的增加能够补偿承载面积缩减时，变形能稳定进行下去；当两者恰好相等时，变形处于临界状态；当应变强化效应的增加不能补偿承载面积缩减时，即越过了临界状态，板料的变形将首先发生在承载能力弱的位置，继而发展成为细颈，最终导致板料出现破裂现象。

在板料成形数值模拟中，破裂一般采用观察零件成形极限图和材料厚向局部变薄率两种方法进行预测。目前在板料冲压加工中采用的绝大多数专业 CAE 分析软件主要是采用成形极限图作为破裂判断的主要依据。在实际生产中，不仅要控制零件不被拉破，而且对厚度变薄也有严格的要求。因此有时也利用可观察的材料厚向局部变薄率来预测板料冲压成形过程中的破裂发生可能性。由于局部变薄率控制值要提前于拉伸失稳发生，所以通过控制局部变薄量来控制成形的安全裕度有一定的实用价值。但采用该方法易造成成形安全裕度的限制，使材料无法发挥其延展性。

采用 DYNAFORM 软件由于能够准确地计算具体板料在冲压成形中的流动情况，从而可以准确得出成形过程中冲压零件的应力、应变分布及大小和板料厚向局部变薄率等的变化情况。这为判断给定的模具参数和冲压工艺参数是否合理，是否产生破裂缺陷的可能性提供了科学依据。

1.4.3 回弹

回弹缺陷是板料冲压成形过程中产生的主要成形缺陷之一。板料回弹缺陷的生产主要是由于板料在冲压成形结束阶段，当冲压载荷被逐步释放或卸载时，在成形过程中所存储的弹性变形能要释放出来，引起内应力的重组，进而导致零件外形尺寸发生改变。产生回弹的原因主要有两个：

① 因为当板料内外边缘表面纤维进入塑性状态，而板料中心仍处于弹性状态，这时当凸模上升去除外载荷后，板料产生回弹现象；

② 因为板料在发生塑性变形时总伴随着弹性变形消失，所以板料在冲压成形过程中，特别是在进行弯曲成形时，即使内外层纤维完全进入了塑性变形状态，当凸模上升去除载荷后，弹性变形消失了，也会出现回弹现象。因此回弹缺陷是板料冲压成形过程中不可避免的一类成形缺陷，产生回弹缺陷将直接影响冲压零件的成形精度，从而增加了调模试模的成本以及成形后进行整形的工作量。

在实际板料冲压成形生成中，对于回弹缺陷需要采取行之有效的工艺措施加以消除其影响作用，采用 CAE 分析技术有效进行回弹缺陷的预测，对实际冲压生产具有很客观的实际效益。但由于回弹缺陷的产生涉及板料冲压成形整个过程的板料塑性变形状态、模具几何形状、材料特性、接触条件等众多影响因素，因此板料冲压成形的回弹问题相当复杂。目前，在板料冲压成形中，控制回弹主要从两方面的方法加以考虑：

① 从工艺控制方面加以考虑，即可通过改变成形过程的边界条件，如：毛坯形状尺寸、压边力大小及分布状况、模具几何参数、摩擦润滑条件等来减少回弹缺陷的产生；

② 通过修模或增加修正工序等加以考虑，即在特定工艺条件下实测或有效预测实际回弹量的大小以及回弹趋势，然后通过修模或增加修正工序，使回弹后的零件恰好满足成形零件的实际设计要求。在实际生产中此两种方法都得到广泛采用，有时还需要将两种方法联合起来，控制回弹，以获得最佳的成形效果。

目前采用 DYNAFORM 软件可对板料回弹进行较为有效地预测，为有效控制回弹提供科学依据但预测精度还需要进一步提高。

DYNAFORM5.9 软件特点及模块简介

2.1 DYNAFORM5.9 软件特点简介

DYNAFORM5.9 是由美国工程技术联合公司（Engineering Technology Associates.INC.）开发的一个基于 LS-DYNA 的板料成形模拟软件包。作为一款专业的 CAE 软件，DYNAFORM 综合了 LS-DYNA971 强大的板料成形分析功能以及自身强大的流线型前后处理功能。它主要应用于板料成形工业中模具的设计和开发，可以帮助模具设计人员显著减少模具开发设计时间和试模周期。DYNAFORM5.9 不但具有良好的易用性，而且包括了大量的智能化工具，可方便地求解各类板料成形问题。同时 DYNAFORM5.9 也最大限度地发挥了传统 CAE 技术的作用，减少了产品开发的成本和周期。

DYNAFORM5.9 采用 LIVERMORE 软件技术公司（LSTC）开发的 LS-DYNA 作为核心求解器。LS-DYNA 作为世界上最著名的通用显式动力分析程序，能够模拟出真实世界的各种复杂问题，特别适合求解各种非线性的高速碰撞、爆炸和金属成形等非线性动力冲击问题。目前，LS-DYNA 已经被应用到诸如汽车碰撞、乘员安全、水下爆炸及板料成形等许多领域。

在板料成形过程中模具开发周期的瓶颈往往是对模具设计的周期很难把握。然而，DYNAFORM5.9 恰恰解决了这个问题，它能够对整个模具开发过程进行模拟，因此也就大大减少了模具的调试时间，降低了生产高质量覆盖件和其他冲压件的成本，并且能够有效地模拟板料成形过程中的四个主要工艺过程，包括：压边、拉延、回弹和多工步成形。这些模拟让工程师能够在设计周期的早期阶段对产品设计的可行性进行分析。

DYNAFORM5.9 可以较好地预测覆盖件冲压成形过程中板料的破裂、起皱、减薄、划痕、回弹，评估板料的成形性能，从而为板料成形工艺及模具设计提供帮助。

DYNAFORM5.9 几乎可以运行于所有的 UNIX 工作站平台上，包括：DEC（Alpha）、HP、IBM、SUN 和 SGI，同时在 PC 上支持 WindowsXP 及以上的版本。此外 DYNAFORM5.9 还支持红帽 RHEL5 及以上版本。DYNAFORM5.9 主要功能，具体阐述如下。

（1）面向实际工艺的自动设置　包括预处理和各种分析设置模块，预处理功能帮助用户准备各种分析模型的工具；板料成形模块可以进行板料成形分析的各种设置，主要包括：激光拼焊板、层压板设置、热分析设置、板料液压成形设置以及多工步分析设置等；管材成形模块可以进行管材的内高压成形设置；弯管模拟模块可以对管材进行多步弯曲成形模拟；卷边模拟模块是对机器人卷边工艺的模拟设置；超塑性成形模块针对超塑性材料的气压胀形模拟提供了快速的设置界面。

（2）坯料生成器　坯料生成器用来生成成形分析所需要的坯料。允许用户导入利用外部工具软件生成的坯料曲面或坯料轮廓线，也可以直接导入 BSE 模块生成的坯料轮廓线。同时，坯料生成器也提供了强大的坯料轮廓线的生成和编辑功能，用户可以方便地绘制坯料轮廓线并对轮廓线进行修改。坯料生成器还提供了多种网格生成工具，用来生成满足不同分析需要的坯料网格，包括壳单元、厚壳单元和实体单元等，可以方便、快捷地定义和编辑拼焊板、工艺孔。坯料生成器集成了曲线、曲面和网格工具，极大地满足了成型分析坯料的设计。

（3）拉延筋模块　拉延筋模块包括等效拉延筋和真实拉延筋设置。根据等效拉延筋的锁模力，DYNAFORM 提供等效筋转换成真实筋的关联数据模型。可以把等效筋自动转换为真实拉延筋。在等效拉延筋设置界面，用户可以通过选择、导入以及创建的方式定义拉延筋曲线，可以通过四种方式定义拉延筋的锁定阻力，其中通过几何截面形状计算拉延筋阻力的方式非常方便，定义的截面形状与真实拉延筋相关联，等效拉延筋设置信息可以导入导出，使用方便。定义等效拉延筋的所有操作，包括拉延筋属性定义、拉延筋修改、投影等功能，都非常方便易用。真实拉延筋用于根据定义的截面形状创建真实的拉延筋网格。真实拉延筋会自动读取等效拉延筋的信息用于创建真实的网格模型，当然用户也可以直接导入曲线定义真实拉延筋。真实拉延筋在生成网格模型的同时能够生成高质量的曲面。

（4）回弹补偿模块　回弹补偿模块适用于零件回弹补偿计算的模块。回弹问题已经越来越成为板料成形相关工业所面临的一个重要课题，基于有限元技术的回弹补偿技术可以较好地解决这一难题，它从计算得到的回弹量中反过来求该原始模具的形状，从而使回弹后的零件更加接近初始设计零件。DYNAFORM5.9 提供了方便、实用的工具帮助用户快速对补偿后的模面进行修改，提高了模面设计的效率。

（5）更强大的模面工程模块　DYNAFORM5.9 对模面工程模块进行了较大的改进，改进了预处理功能，重新设计工艺补充对话框，为用户提供了更为简洁、更易操作的用户界面。此外，增加了网格变形、凸台和修边检查等功能，大大地满足了用户对模面设计的要求，从而快速完成一个完整的工艺设计过程。

（6）增强的坯料工程模块　坯料工程模块用来生成坯料轮廓线，产品修边线以及对坯料进行排样。为用户提供了更为简洁、更易操作的用户界面。改进的一步法求解器，是用户在快速、精确预测坯料尺寸的同时，在设计阶段就可以评估零件的成形性能，并在求解后给出产品的成形性报告。产品修边线的求解能够快速得到复杂零件的修边线。增强的排样功能，对排样结果进行了优化，对于一些复杂的零件，程序自动排样计算得到的结果更加符合实际，同时得到的材料利用率更高。批量展料和批量排样模块，方便用户对多个零件进行快速批量处理，并提供了输出报告的功能。

（7）模具系统分析模块　模具系统分析模块为解决实际生产过程中遇到的各种问题提供了一系列解决方案，使得在生产线及模具设计过程中运用有限元分析方法就能够有效地预测可能存在的问题，从而对模具结构和生产线进行优化设计。这将极大地缩短生产线的调试周期，降低新产品的开发成本。模具系统分析模块包括模具结构强度及疲劳分析、废料跌落模拟和板料传送模拟。在 DSA 模块的所有分析过程中，程序提供了简单的图形界面引导用户进行复杂的准备和模拟过程。

（8）部分前处理功能、对 LS-DYNA971R6.1 的支持和文档功能。

2.2 　DYNAFORM5.9 基本模块

2.2.1 　坯料工程（BSE）模块

坯料工程（BSE）模块是 DYNAFORM5.9 的一个子模块，同时也可以作为一个独立模块单独运行。其中包括了快速求解模块，用户可以在很短的时间内对产品完成可成形性分析，并在求解后给出产品的成形性报告，大大缩短了计算时间。此外，BSE 还可以用来快速及精确预测毛坯的尺寸和帮助改善毛坯外形。图 2-1 所示为坯料（BSE）模块，包括：预处理（Preparation）、一步法求解器（MSTEP）、坯料轮廓线（Outline）、坯料排样（Nesting）、板坯尺寸估算（Blank Size Estimate）、多步展开（Unfold）、修边线（Trim Line）、批量快速求解（Batch Mstep）、批量排样（Batch BSE）等子菜单。

每个子菜单及其相应功能，详细阐述如下：

（1）预处理　在 DYNAFORM5.9 新增的一个工程界面，用以管理初始的输入数据。用户第一次进入坯料工程模块，选择预处理功能，程序会弹出如图 2-2 所示的对话框，允许用户为后面的计算分析设定单位、材料以及工件的类型。

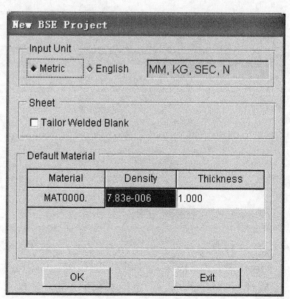

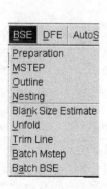

图 2-1　坯料工程菜单　　　　　　　　　图 2-2　BSE 工程界面

坯料工程预处理中的功能，主要用来为零件准备必要的数据，以便开始坯料估算。预处理的用户界面包括几何与材料、网格、对称/一模两件、调整冲压方向和边界补充等五部分。预处理模块几乎支持所有前处理的功能，并在部分功能中将当前工具中的对象设为默认的操作对象，如图 2-3 所示。

（2）一步法求解器　在 DYNAFORM5.9 中把一步法求解器、坯料轮廓线、坯料排样等三个功能模块以子菜单的方式放在了一个界面里，方便用户进行不同功能的切换，同时允许用户从子菜单进入各自功能。

一步法求解器是 ETA 公司开发的一种改进的一步法求解器。它为用户提供了一种获得更加精确的结果的选项。此选项通过对计算过程反复迭代而得到比较精确的结果，但是因此也会导致计算时间比传统的计算时间稍微要长一些。一步法求解器主要在汽车设计的初期阶段用于快速获得产品成形性分析的评估以及估算零件的初始轮廓。

（3）坯料轮廓线　坯料轮廓线是 DYNAFORM5.9 新增加的功能模块，用以实现对当前数据库中轮廓线的管理。该功能不仅允许用户对一步法求解器生成的 Outline 进行编辑，同时用户也可以导入和创建新的 Outline，如图 2-4 所示。

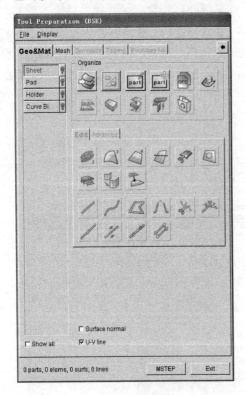

图 2-3　预处理界面

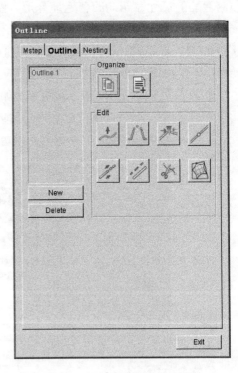

图 2-4　坯料轮廓线操作界面

（4）坯料排样　此功能模块允许用户对原始板坯进行排样操作，用户可以单击 BSE->Nesting 进行排样操作，也可以选择排样页面进行操作，如图 2-5 所示。

（5）板坯尺寸估算　板坯尺寸估算对话框，如图 2-6 所示。在进行毛坯尺寸估算之前，用户需要定义板坯的属性和厚度，估算出的毛坯轮廓线将自动存放在名为"OUTLINE"的新部件中。

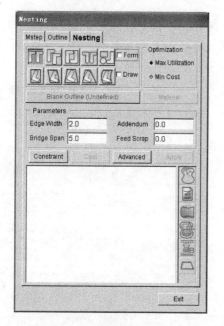

图 2-5　坯料排样对话框

图 2-6　板坯尺寸估算对话框

（6）多步展开　多步展开模块是用于将复杂零件展开的一种求解器。多步展开的特点是允许用户对选择的法兰单元进行展开，程序能够自动添加约束信息，并且压料面为可选项。多步展开对话框，如图 2-7 所示。

（7）修边线　计算修边线是 ETA 公司最新开发的一种用于快速求解修边线的一步法求解器。用户界面直观、友好。其中红色表示必须定义的部件，蓝色表示可以选择性定义的部件，如图 2-8 所示。

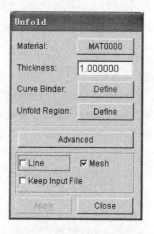

图 2-7　多步展开对话框

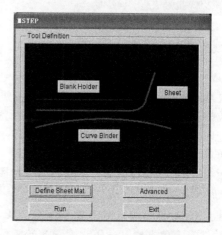

图 2-8　修边线设置对话框

（8）批量快速求解　批量快速求解是个非常实用的功能模块。用户可以批量导入多个模型文件，程序自动对模型文件进行冲压方向调整，然后调用一步法求解器来快速获得产品成形性分析的准确评估和坯料轮廓，同时程序自动调用后处理程序，用户可以方便地查看成形分析结果。模型求解后的毛坯轮廓线以 IGS 格式输出，后处理结果以 html 格式的报告输出。批量快速求解界面如图 2-9 所示。

（9）批量排样　批量排样模块的主要功能是用来将导入的批量模型零件进行快速展开和

排样计算。导入模型文件后，可自动对模型文件进行冲压方向调整，然后调用一步法求解器来快速获得产品坯料轮廓线，并进行排样计算。用户只需导入单个或多个模型零件并提交计算，就可以快速得到零件的排样结果。整个界面如图 2-10 所示。

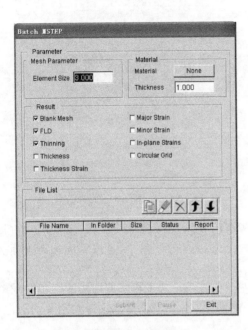

图 2-9　批量快速求解界面

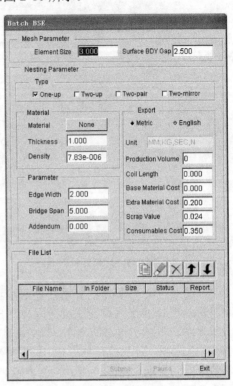

图 2-10　批量排样界面

2.2.2　成形仿真（FS）模块

ETA/DYNAFORM5.9 软件系统结构，主要包括前置处理模块、提交求解器进行求解计算的分析模块及后置处理模块等三大部分。前置处理模块主要完成典型冲压成形 CAE 分析 FEM 模型的生成与输入文件的准备工作；求解器进行相应的有限元分析计算；求解器计算出的结果由后置处理模块进行处理，预测成形过程中的缺陷，分析缺陷产生的原因，协助专业技术人员进行模具设计及工艺控制研究。

进行板料冲压成形过程 CAE 分析流程，如图 2-11 所示。运用 DYNAFORM5.9 软件进行板料冲压成形 CAE 分析，一般可分为以下五个步骤：

（1）建立 CAE 分析的几何模型　即在 CAE 软件（例如：DYNAFORM、PAM-STAMP、MARC 等软件）上建立模具、压边圈和初始零件的曲面模型。曲面模型可以通过 CAD 软件造型生成。如可以通过 UG、PRO/E、AUTOCAD、CATIA 等专业 CAD 软件进行曲面造型。

（2）进行 CAE 分析的前置处理　通过 DYNAFORM5.9 软件的不同前置处理功能对建立的各个曲面模型进行前置处理：首先对各个曲面模型进行适当的单元划分。单元划分的合理与否会对计算的精确度及计算时间有一定的影响。通常，在弯曲变形较大的部位及角部附近单元划分的较密些。在变形较小或没有弯曲的部位单元划分的较稀疏些。划分完单元后，相对原来的各曲面模型形成不同的单元集。其次将每个单元集分别定义为不同的工模具零件，包括定义毛坯及相关力学性能参数，定义成形工具。例如凹、凸模和压边圈、拉深筋等，以及各种相关成形参数：相关的接触参数（如摩擦因数等），工模具的运动曲线以及载荷压力的曲线等，再确定好所有成形分析参数后就可以启动计算器进行分析计算。

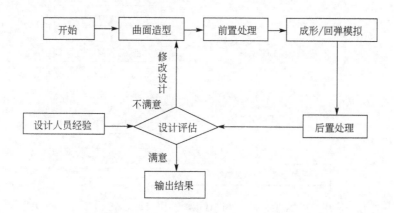

图 2-11　板料冲压成形的 CAE 分析流程

（3）进行板料冲压成形模拟或回弹模拟　在进行分析计算后，读取计算数据结果，以不同的方式显示各个目标参数随动模行程的改变而改变的情况。

DYNAFORM5.9 的仿真模拟模块分为快速设置、自动设置和传统设置三种，表 2-1 概括了三种仿真模拟设置的主要特点。

表 2-1　三种仿真模拟设置的主要特点

传统设置	快速设置	自动设置
具有最大限度的灵活性：可以添加任意多个辅助工具，同时也可以定义简单的多工序成形。但是设置非常繁琐，用户需要仔细定义每一个细节，很容易出错	简单、快捷是快速设置的优点，但是功能设计上的缺陷带来了设置的灵活性很差，不能一次性进行简单的多工序设置	界面友好，内置的基本设置模块方便用户进行设置。对初级用户，只需要定义工具 part，其他都可以自动完成。对于高级用户，可以自定义压力、运动曲线，液压成形、拼焊板成形等
需要更多的设置时间	减少了建模设置的时间，减少了用户出错的机会	继承了快速设置的优点，同时也考虑了功能的扩展性
手工定义运动、载荷曲线，可以任意修改，但是不能做正确性检查	自动定义运动、载荷曲线等	既可以采用自动定义曲线，也可以采用手动定义曲线，依据用户的喜好和习惯自动设置
支持接触偏置和几何偏置方法	只支持接触偏置方法	既支持物理偏置，也支持接触偏置，根据实际情况来定

注：DYNAFORM5.9 推荐使用增强了自动设置的功能，并推荐用户使用自动设置。

（4）进行 CAE 分析的后置处理　ETA/DYNAFORM5.9 软件的后置处理模块可根据计算机计算的结果对板料冲压成形过程进行全程动态模拟演示。技术人员可以选择云图或等高线方式观察工件的单元，节点处的厚度、应力或应变的变化情况。此外还可以采用截面剖切面方式得到要求的特殊截面，观察目标参数情况，并可以输出结果数据文件。

（5）进行模具设计及工艺评估　技术人员根据专业知识和实际的生产经验对整个 CAE 分析结果进行评估。如果对分析结果不满意，就必须对工艺参数和已经设计好的模具结构或加工工艺进行调整设计，再重新进行计算机仿真，直至得到较为满意的结果为止。最后将已经获得的满意的结果数据文件输出，用以进行实际的模具制造以及加工工艺的制订。

应用 DYNAFORM 软件进行板料冲压成形 CAE 分析的一般步骤，如图 2-12 所示。

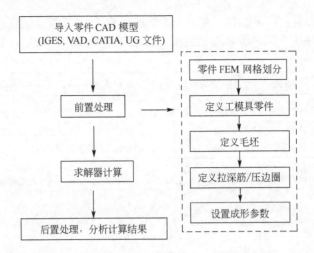

图 2-12 应用 DYNAFORM 软件进行板料冲压成形 CAE 分析的一般步骤

2.2.3 模面工程（DFE）模块

模面工程模块为用户提供简洁、易操作的用户界面，通过导入产品零件的数模，在模具设计的早期阶段快速完成一个完整的拉延模面工艺设计。其功能菜单如图 2-13 所示。

模面工程模块的功能包含以下几个方面：预处理（Preparation）、压料面（Binder）、工艺补充面设计（Addendum）、模面修改（Modification）、修边检查（Trim Check）、模面设计检查（Die Design Check）、再建工程（Re-engineering）和快速模拟分析（DFE Simulation）。

（1）预处理　模面工程预处理中的功能主要用来为零件准备必要的数据，一边开始模面设计。预处理的用户界面，主要包括：确定几何体、划分网格、设置对称/一模两件、调整冲压方向和边界填充五部分，如图 2-14 所示。

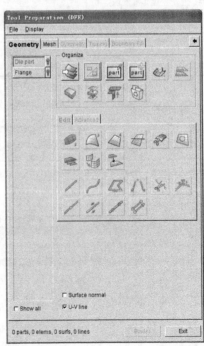

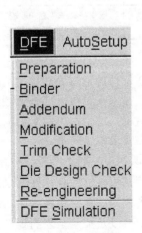

图 2-13　模面工程菜单　　　　　　　　图 2-14　预处理界面

（2）压料面　压料面模块是提供创建各种形状压料面的工具。压料面界面中，包含六个主要部分，分别是创建压料面、修改压料面、零件压料面、蝶形压料面、裁剪零件和高级设置，如图 2-15 所示。

注意：进行压料面设置前，必须在预处理中定义凹模零件并对其进行网格划分。

（3）工艺补充面设计　工艺补充面设计提供在成形面上创建过渡曲面和网格的工具，如图 2-16 所示。

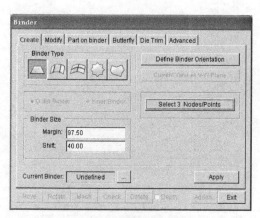

图 2-15　压料面

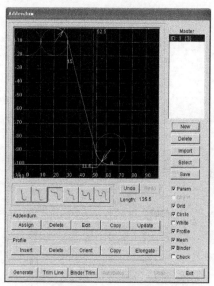

图 2-16　工艺补充面设计

用户可以通过修改控制参数来创建不同的截面线。在许多情况下，有些截面线在特定的方向不能移动以防止设计成不合理的工艺补充面。用户最好改变不同的参数来确认截面线的效果，如图 2-17 所示。

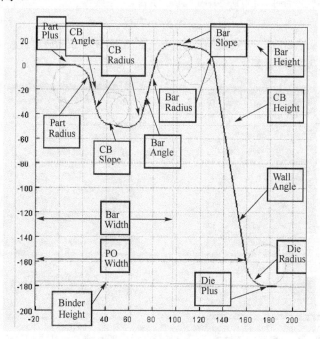

图 2-17　各种工艺补充面参数

（4）模面修改　此子模块是通过修改线、曲面和单元来完成模面修改设计，如图 2-18 所示。

（5）修边检查　本功能通过定义修边线、坯料轮廓线和废料刀，来分析模具修边和废料的大小，功能界面如图 2-19 所示。

图 2-18　模面修改

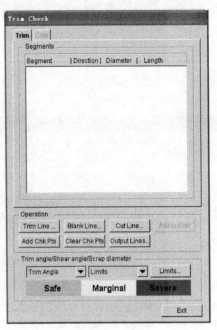

图 2-19　修边检查

（6）模面设计检查　此功能允许用户根据裁剪方向、冲压深度来直观地检查凹模。图 2-20 显示了凹模设计检查功能对话框中可用的检查项目。

（7）再建工程　再建工程模块中，包含 3 个主要页面，它们分别是转换成 DYNAFORM 中的工艺补充面（Convert）、产生新的工艺补充面（New Adden）、评估两组网格间的误差（Evaluate），再建工程界面如图 2-21 所示。

图 2-20　模面设计检查

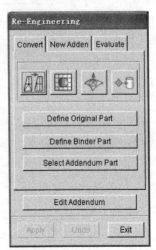

图 2-21　再建工程界面

（8）快速模拟　快速模拟分析模块引用了 INC Solver 求解器。INC Solver 是 ETA 自主开发的一款专业的板料成形非线性动力显式算法仿真求解器。主要用于板料冲压成形模具设计与成形性校核，为模具工艺方案选择、模具结构设计、工艺参数优化提供快速有效的数值分析。

INC Solver 使用 BT 壳单元公式来计算板料变形，在成形过程中，在模面与板料制件的模型接触上使用惩罚函数。非线性材料属性同时支持 Hill 屈服准则和 Barlat 屈服准则。使用 Fusion/Fission 自适应算法在模拟过程中调整每一个时间步长中的板坯网格密度。

INC Solver 设计可以处理非一致的 CAD 曲面生成的不连续网格等有缺陷网格，用户无需修改网格，从而在模型准备上节省了大量的时间和精力。

INC Solver 使用 SMP 计算方法充分利用了 Windows 环境中最新计算平台的多 CPU、多核以及多重配置。快速模拟分析界面如图 2-22 所示。

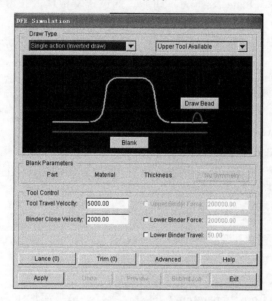

图 2-22　快速模拟分析界面

2.3　DYNAFORM5.9 软件新功能模块简介

2.3.1　成形优化模块

成形优化模块是 DYNAFORM5.9 新添加的一个功能模块，主要用于优化坯料轮廓线、压边力和等效拉延筋力。用户只需要简单的设置，系统就会自动计算出一个优化的合理参数值，允许用户对优化的成形参数结果进行查看。该模块是与 SHERPA\HEEDS 公司合作开发的。INC Solver 设置完成后，在该模块提交优化设置，根据不同的变量值和约束，SHERPA 不断地进行迭代计算来找到最优结果。

成形优化模块（OP）菜单如图 2-23 所示，包括 INC 求解器、成形优化和结果查看等模块。这些模块帮助用户根据实际成形过程逐步完成相关参数的优化设置。

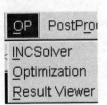

图 2-23 成形优化模块（OP）菜单

2.3.2 改进主要功能

① 优化性能，主要是拉延分析中的拉延筋锁模力比率。

② 基于产品修边线的自动迭代板料开发（Blank Development）。

③ 流线型的拉延筋（Draw Bead）功能。

④ 改进的截面线（Section Cut）功能。

2.3.3 BSE 模块中新实现的性能、特征和功能

① 从计算时间和材料利用率方面，改进了对排和混排的排样算法。

② 支持拼焊板成形，包括零件的重量比。

③ 改进的板料排样（Plate Nesting）功能。通过定义板料的长度和宽度以获得最佳排样方案。

④ 在快速求解的高级选项中添加了一个选项，允许用户确定是否自动或者手动调整单元法向。

⑤ 在快速求解的高级选项中添加了一个选项，允许用户确定是否自动或者手动找出约束点。

⑥ 允许用户设置默认的材料。

⑦ 为排样结果添加了排序（Sorting）功能。

⑧ 计算补充面大小（Calculate Addendum）：它和计算搭边（Calculate Bridge）的计算方式相同。

⑨ 3D 修边线可自动导出为 IGES 格式文件。

⑩ 支持在局部坐标系上创建轮廓线。

⑪ 支持配置文件中排样报告的输出单位选项。

⑫ 支持配置文件中排样报告的文件名称选项。

⑬ 在工具预处理（Tool Preparation）的检查所有菜单下添加了单元法向夹角功能。

⑭ 在删除一个排样结果后，直到单击"+"按钮才显示其余结果。

⑮ 新增了选项用来分别定义十进制尺寸和排样利用率。

⑯ 添加了一个选项，用来调整 3D 修边线的宽度。

⑰ 在原始位置或调整冲压方向位置添加了一个选项，用来调整 3D 修边线的冲压方向。

⑱ 添加了导出冲压方向按钮，在原始位置可以导出冲压方向。

⑲ 新增了将成形性报告输出为*.xls 文件的输出功能。

⑳ 恢复了批量排样模块。

㉑ 恢复了批量快速求解模块。

2.3.4 DFE 模块中新实现的性能、特征和功能

① 添加了曲线编辑器（Curve Editor）功能替换编辑工艺补充面中的编辑 Fline（Edit Fline）功能。

② 在工艺补充面窗口添加了重做和撤销功能。

③ 恢复了基于 INCSolver 的 DFE 模拟功能。

2.3.5　自动设置（AutoSetup）的更新

①　在自动设置中增加了蒙皮拉形、卷边模拟和超塑性成形等四个设置模块（相对于 DYNAFORM5.7 版的更新）。

a. 卷边模拟。卷边模拟适用于卷边分析的设置模块。该模块完全按照实际工艺过程进行分析设置。卷边模拟模块界面友好、易用，用户可以通过自定义轨迹或者选择线作为轨迹，使滚子沿指定的路径运动。

b. 蒙皮拉形。蒙皮拉形模块主要用于航空航天蒙皮类零件成形的模拟设置。根据拉形机和拉形工艺类型，将蒙皮拉形分为横向 Bull nose 拉形、横向 Wrap 拉形和纵向拉形 Longitudinal，并根据拉形机参数为每种拉形提供默认的拉形模拟设置。

c. 超塑性成形。超塑性成形模块用来分析板料在超塑性温度下，并在一定的压力作用下，板料的成形性能。除处理工序设置外，它和普通的板料冲压成形设置过程基本相同，用户可以参考板料成形的设置步骤。

d. 热成形与冷却工步设置。在自动设置拉延成形基本设置页面中，选中热固耦合分析（Coupled thermal structural analysis）选项，则程序在工具（Tools）页面的后面增加一个热分析（Thermal），如图 2-24 所示。所有热成形相关的参数将在热分析页面中进行设置。

冷却分析时，可以分析板料热成形后在模具中冷却过程中板料的温度、应力和应变等参数的变化。冷却分析设置和热成形设置基本相同。冷却分析通常是热成形的后续工序，用户可以在完成热成形设置后添加冷却分析工步，如图 2-25 所示。

e. 新增加了支持用户自定义的真实拉延筋和等效拉延筋转换库。

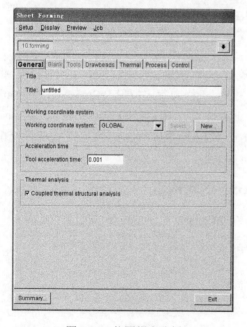

图 2-24　热固耦合分析

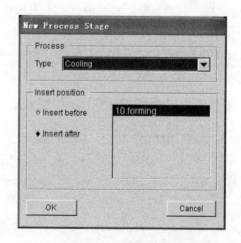

图 2-25　新建冷却工步

②　重新设计了拉延筋图形用户界面；添加了拉延筋形状模板库，将等效拉延筋阻力转换为拉延筋对应的形状；支持变拉延筋的定义；使用曲线编辑器功能创建和编辑等效拉延筋；创建和编辑对称等效拉延筋；支持变截面几何拉延筋；创建几何拉延筋时，有接触偏置不考

虑板料的厚度。

③ 增加了一种迭代方法用于开发匹配目标修边线的板料。

④ 在动画（Animate）中添加了一个选项，仅显示当前工步工具。

⑤ 采用了更精确的方法评估材料成形性，称为板料成形指标（Formability Index）。

⑥ 如果在工具预处理中曾经修改过工具，当退出预处理时，程序将自动定位工具。

⑦ 如果在坯料生成器中曾经修改过板料，或在工具预处理中修改过工具，程序将自动定位工具。

⑧ 在工具预处理中添加了打开/关闭选项，用以显示/隐藏一个工具。

⑨ 在板料页面中将接触选项的名称从单面接触更改为板料自接触。

⑩ 定义工作坐标系时改进了定义 U 轴、V 轴和 W 轴的功能。

⑪ 在配制文件中增加了一个选项，允许用户为每个标准工具（凹模、凸模和压边圈）定义可选的名称。

⑫ FLC 曲线中的功能更新：记录了数据类型（真实应变或工程应变）；将操作（Operation）页面中 FLC 的应变类型（Strain Type）设置为全局选项。

⑬ 将压边圈（Binder）的工具控制从力（Force）更改为速度（Velocity）。

⑭ 支持 2D/ 3D 修边中新的卡片。

⑮ 支持为网格细化自适应盒的定义。

⑯ 允许用户为板料定义两个平行的对称平面。

⑰ 在自动设置（Auto Setup）中添加了另存为（Save As）子菜单。

⑱ 将实体板料的默认材料类型更改为 24 号材料。

⑲ 自动为实体板料网格关闭网格细化分（Refining meshes）选项。

⑳ 添加了使用 LS-OPT 优化等效拉延筋、摩擦力、压边力和板料轮廓线的功能。

㉑ 更新了蒙皮拉形（Stretch Forming）中的部分功能：移除了板料定位对话框中的 U 轴和 W 轴平移选项；更改了板料网格法向，以确保顶部和底部应变结果的正确性；使钳口（Bullnose）的网格法向指向板料，以改进模拟结果；对于横向蒙皮拉形 Bullnose 的 Relaxation 工序而言，默认的机器运动仅包括工作台行程（Table Stroke），不包括拉伸油缸的运动（Tension Cylinder Motion）；实现了 Bulldozer 行程（Bulldozer Stroke）的新功能；当选择了一个主工具的速度时，DYNAFORM 自动计算并显示从工具的速度。

2.3.6 坯料生成器（Blank Generator）的新特征

① 支持创建厚壳单元（Thick Shell Elements）和实体单元（Solid Elements）。

② 添加了从 BSE 复制（Copy from BSE）按钮，将坯料生成器（Blank Generator）与 BSE 轮廓线列表（BSE Outline List）相连接起来。

③ 添加了同时选择并生成轮廓线和孔的功能。

④ 添加了新的网格划分方式 "Disk Mesh"，对圆形和椭圆形轮廓线进行网格划分，生成的单元将沿半径方向均匀分布。

2.3.7 任务提交器（Job Submitter）的特征和功能

① 将消息文件扩展名从*.js 更改为*.jsb。

② 支持指定 LS-DYNA 求解器许可证。

③ 增加了一个按钮，允许通过 ETA/POST 打开结果文件（*.d3plot, *.dynain 和*.fas）。

④ 支持提交任务到 LS-DYNA/MPP 求解器。

2.3.8　改进和增强的前处理性能

① 新增截面功能：增加了通过鼠标在屏幕上移动截面的功能；用户现可通过两点在屏幕上定义裁切平面（Cut Plane）；允许为用户自定义的平面启用前处理和后处理的 2D 和 3D 截面功能，允许平行截面并创建了这些截面的曲面，保持了截面的原始零件层颜色；添加了通过坐标系或三点定义截面的功能；在曲线上移动截面时，添加了截取多个截面的功能；添加了在 2D 窗口测量距离和角度的功能；添加了在列表中保存截面线（Cut Line）的功能；添加了曲线路径（Curve Path）支持多个截面。

② 设置*MAT_036 中铝和不锈钢材料的指数 $M=8$。

③ 添加了在配置文件中设置一个默认材料的功能。

④ 支持*MAT_125 的新参数"SC1"和"SC2"。

⑤ 添加了在安装 DYNAFORM 前处理器生成许可证 log 文件的功能。

⑥ 实现了优化平台（OP）模块，将 SHERPA 和 INC Solver 结合用于等效拉延筋、压边力和板料轮廓线。

⑦ 添加了查看板料成形优化结果的功能。

⑧ 在工具预处理（Tool Preparation）中添加了编辑零件层（Edit Parts）功能。

⑨ 在零件层（Part）菜单中添加了高亮显示所选零件层的功能，且添加了在列表中仅显示当前显示的零件层的功能。

⑩ 在边界线（Boundary Line）中添加了外边界线和内边界线（Outer and Inner Lines）选项，在所选的曲面组创建内边界线和外边界线。

⑪ 在生成等距配合工具时，添加了通过箭头显示单元法向（Element Normal）的功能。

⑫ 添加了在消息窗口显示零件层 ID 的功能。

⑬ 减少了通过零件层（by Part）选择零件时的单击次数。

⑭ 允许用户在网格导圆角（Fillet Mesh）中对新工具导圆角。

⑮ 通过零件层选择曲面时，添加了选择多个零件层的功能。

⑯ 重新设计了模型匹配（Best Fit）图形用户界面。改进了自动匹配方式，并添加了新的 3 点（3 Points）匹配的方式。　．

⑰ 安装时添加了与 DYNAFORM 产品关联的文件扩展名。*.df 与 DYNAFORM 关联，*.d3plot 和 *.idx 与 ETA/POST 关联，*.e3d 与 e3dplayer 关联。

⑱ 增强了曲面映射（Surface Mapping）功能，提高了生成曲面的质量。

2.3.9　后处理（ETA/Post）中新实现的特征和功能

① 在曲率（Curvature）功能中，增加了平均曲率（Mean Curvature）、高斯曲率（Gauss Curvature）、最大主曲率（Max Principal Curvature）和最小主曲率（Min Principal Curvature）。

② 增加了 3 点标尺检查（3 Point Gauge Check）功能，该功能是与油石缺陷检查（Stoning）类似的一个曲面缺陷检查工具。

③ 在文件（File）菜单中添加了设置（Setting）功能，用于编辑 ETApost.config 的图形用户界面。

④ 添加了支持了 STL 文件的功能。

⑤ 添加了排除（Exclude）、选区中所有（All in Region）和 扩展（Spread）选项。

⑥ 增加了通过线选择（Select by Line）选项，允许用户选择一条线来定义选择区域。

⑦ 在定义裁切平面（Define Cut Plane）中，添加了通过光标位置定义（Define by Cursor Loc.）选项。

⑧ 在截面平移（Section Translation）中添加了通过曲线定义路径（Define Path by Curve）选项，允许用户选择一条曲线来定义平移路径。

⑨ 在截面线（Section Cut）动画中添加了帧列表（Frame List）控制。

⑩ 导出截面（Export Section）特征与截面动画记录相链接，导出的为动画帧的截面。

⑪ 从截面线（Section Cut）对话框中移除了导出截面线（Export Cut Section）选项。从截面线（Section Cut）选项中移除坐标平面（Cut Plane）项。

⑫ 在 ETA post.config 文件中添加了启用默认参数（Enable Default Parameter）选项，且将其与 FLD 功能相链接。

⑬ 如果启用默认参数（Enable Default Parameter）的值处于关闭状态，且索引文件中没有 FLD 曲线，则不能打开 FLD 功能。

⑭ 改进了拉延筋阻力系数（Draw Bead Force Factor）功能以显示可变系数。

⑮ 添加了支持 index 文件中的关键字"*DRAWBEAD_VARIABLE_DF"的功能。

⑯ 添加了支持 index 文件中的关键字"*DRAW_DIRECTION"的功能。

⑰ 更新了油石缺陷检查（Stoning）算法以支持非连续区域的。

⑱ 更新了板坯轮廓线（Blank outline）算法以得到更准确的结果。

⑲ 在标示数值（List Value）选项添加了列出区域标记（List Area Marker）特征。

2.3.10　支持的求解器（LS-DYNA）版本

① 添加了支持 LS-DYNA971R6.1.0 的功能。

② DYNAFORM5.9 可以输出 LS-DYNA971 R3.2 和 R5+两种版本的卡片格式。用户可以在 DF 5.9 中设置缺省求解器的版本，缺省的卡片格式为 R5+。更改求解器版本的方法为：单击菜单选项->编辑缺省设置，在打开的对话框中单击 Setup->General，选择要输出卡片的格式。

2.3.11　新实现的 PowerPoint 插件 E3DViewer

E3DViewer 作为 PowerPoint 的插件用来启动 ETA/3D player 显示动画，并可以旋转/平移/缩放模型。

CAE 分析实例详解

（一）典型板料冲压成形模拟

第3章

圆筒件拉深成形模拟

本章主要针对典型轴对称简单冲压零件——带凸缘圆筒件进行相应的拉深成形模拟。该零件结构简单对称，材料流动均匀，应力集中于底部圆角，是典型的简单冲压件，对于CAE初学者来说是熟悉DYNAFORM5.9软件的最好实例。

3.1 导入模型编辑零件名称

启动DYNAFORM5.9后，选择菜单栏"File/Import"命令，导入两个文件blank.igs和die.igs，如图3-1所示。依次导入blank.igs和die.igs文件，再单击"取消"按钮，完成文件导入，并退出文件导入对话框。导入文件后，观察模型显示，如图3-2所示。

图 3-1　导入文件对话框

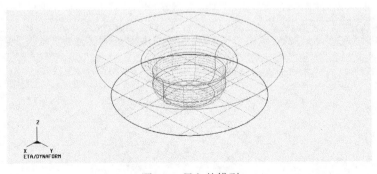

图 3-2　导入的模型

　　选择菜单"Parts/Edit"命令，弹出如图 3-3 所示的"Edit Part"对话框。单击"Name ID"进行毛坯零件文件名的修改，即将"Name"右栏中的名称改为"BLANK"，单击"Modify"按钮；再单击"Name ID"进行零件名称的修改，即将"Name"右栏中的名称改为"DIE"，单击"Modify"按钮；单击"OK"按钮编辑完成。将自命名的文件*.DF 保存到自定义路径及文件夹中。

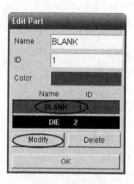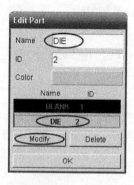

图 3-3　　"Edit Part"对话框

3.2 | 自动设置

3.2.1　初始设置

　　在 DYNAFORM5.9 软件的菜单栏中选择"AutoSetup/Sheet Forming"命令，弹出"New Sheet Forming"对话框。根据如图 3-4 所示进行初始设置，完成后单击"OK"按钮，即弹出如图 3-5 所示的"Sheet Forming"对话框。"Original tool geometry"下有三个选择分别是

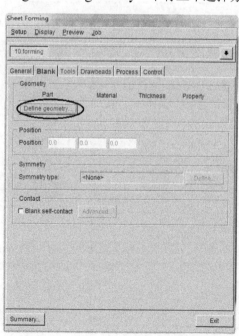

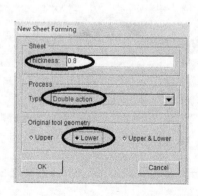

图 3-4　　"New Sheet Forming"对话框设置　　　　图 3-5　　"Sheet Forming"对话框设置

"Upper"，"Lower"，"Upper&Lower" 意思分别为上模基准，下模基准，上下模基准。在实际模拟的过程中，用户需要根据导入 DYNAFORM 的型面情况不同，灵活选择。当用户导入 DYNAFORM5.9 软件中的几何模型型面选择为上模基准时其他工具将以此为基准，根据上模基准进行创建和设置其他工模具时，那么需要选择上模基准 "Upper"。当用户导入 DYNAFORM5.9 的几何型面选择下模基准时其他工具以此为基准，根据下模基准进行创建和设置时，那么需要选择下模基准 "Lower"。当用户导入 DYNAFORM5.9 软件中的几何型面中上、下模基准都包含时，也就是凸、凹模都包含在内，不需要创建凸模或者凹模时就选择上下模基准 "Upper&Lower"。

3.2.2 定义板料零件 "BLANK"

在如图 3-5 所示的 "Sheet Forming" 对话框中，单击 "Blank" 选项卡，单击 "Define geometry" 按钮，弹出如图 3-6 所示的 "Blank generator" 对话框，单击其中 "Add part" 按钮，弹出图 3-7 所示的 "Select Part" 对话框，选择 "BLANK"，单击 "OK" 按钮，退出 "Select Part" 对话框，返回到如图 3-8 所示的 "Blank generator" 对话框，单击其中 "Blank mesh" 按钮，弹出图 3-9 所示的 "Blank mesh" 对话框，类型选择 "Shell"，设置单元尺寸 "Element Size" 为 4.0，单击 "OK" 按钮，弹出如图 3-10 所示的 "eta/DYNAFORM Question" 对话框，单击 "OK" 按钮，返回到 "Blank mesh" 对话框，单击 "OK" 按钮，单击 "exit" 按钮，完成板料网格划分，返回到 "Sheet Forming" 对话框，单击 "DQSK" 按钮，弹出 "Material" 对话框，如图 3-11 所示，单击 "Material Library" 按钮，如图 3-12 所示进行材料选择[所采用的材料为 DQSK(36)]，如图 3-13 所示，单击 "OK" 按钮，进入如图 3-14 所示的 "Material" 对话框，该对话框显示出：材料类型为 "T36"，材料名称为 "DQSK" 的材料应力/应变曲线，单击 "OK" 按钮，完成板料零件 "BLANK" 的定义。

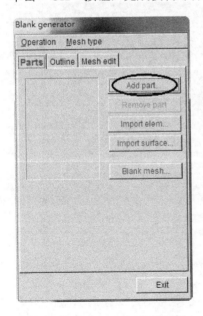
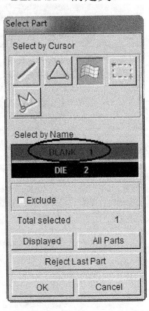
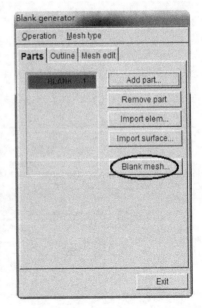

图 3-6 "Blank generator" 对话框　　图 3-7 "Select Part" 对话框　　图 3-8 "Blank generator" 对话框

图 3-9　"Blank mesh" 对话框

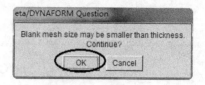

图 3-10　"eta/DYNAFORM Question" 对话框

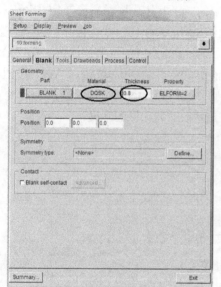

图 3-11　完成 "BLANK" 选择后的 "Sheet
　　　　Forming" 对话框

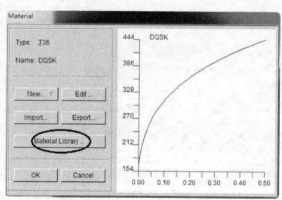

图 3-12　"Material" 对话框

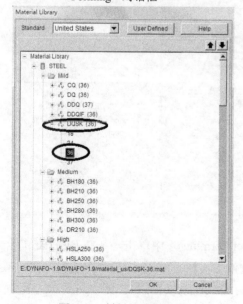

图 3-13　材料的选择设置

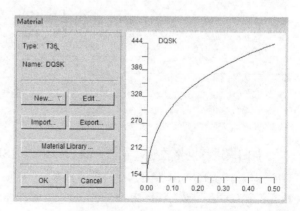

图 3-14　"Material" 对话框

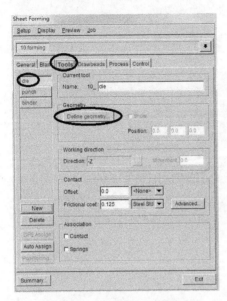

图 3-15　定义工具对话框

3.2.3　定义凹模零件"DIE"

在图 3-11 的"Sheet Forming"对话框中单击"Tools"选项卡中的"punch"按钮，单击"Define geometry"按钮，如图 3-15 所示，即弹出"Tool Preparation(Sheet Forming)"对话框，单击"die"按钮，选择"Define Tool"，点选"DIE"后，零件"DIE"呈黑色高亮显示，依次单击"OK"、"Exit"按钮，如图 3-16 所示，退回"Tool Preparation(Sheet Forming)"对话框。单击"Sheet Forming"对话框中的"mesh"按钮，然后选择 "Surface Mesh"按钮，弹出"Surface Mesh"对话框，设置参数(建立的最大网格尺寸为 5mm，其他几何尺寸保持缺省值)，在新的对话框中依次单击"Apply"按钮、"Yes"按钮、"Exit"按钮退回到"Tool Preparation(Sheet Forming)"如图 3-17 所示。完成零件"DIE"的定义。

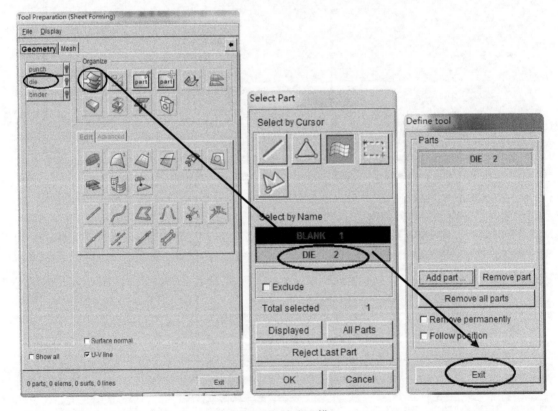

图 3-16　定义凹模

对凹模进行网格检查，在"Tool Preparation(Sheet Forming)"中单击 "Turn Part On/Off"按钮，关闭"BLANK"，打开"DIE"，单击"OK"按钮，单击"Tool Preparation(Sheet Forming)"中的 "Auto Plate Normal"按钮，弹出"CONTROL KEYS"对话框，单击其中的"CURSOR PICK PART"选项，选择零件"DIE"凸缘面，弹出如图 3-18 中所示的对话框，

单击"YES"按钮确定法线的方向（法线方向的设置总是指向工具与坯料的接触面方向）。单击"OK"按钮完成网格法线方向的检查。单击"Exit"按钮退出"CONTROL KEYS"对话框回到"Tool Preparation(Sheet Forming)"对话框。

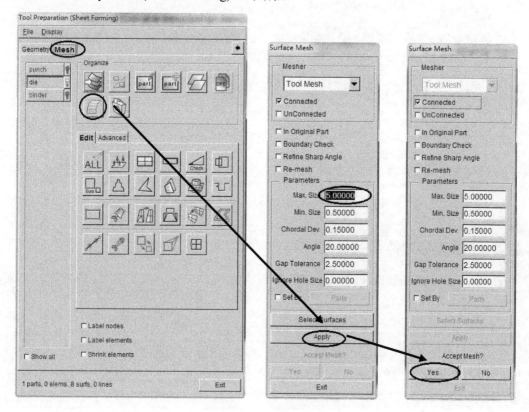

图 3-17　凹模划分网格

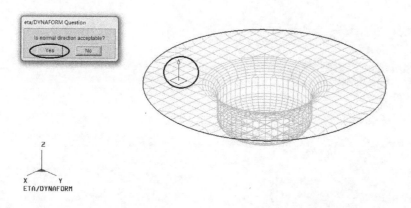

图 3-18　对零件"DIE"进行网格法线方向检查

单击 ⊞ "Boundary Display"工具按钮，进行边界检查时，通常只允许零件的外轮廓边界呈黑色高亮，其余部位均保持不变。如果其余部分的网格有黑色高亮显示，则说明在黑色高亮处的单元网格有缺陷，须对有缺陷的网格进行相应的修补或重新进行单元网格划分。在观察零件"DIE"的边界线显示结果时，所得结果如图 3-19 所示。完成边界检查后，若网格边界没有缺陷，可单击工具栏中的 ✐ "Clear Highlight"，将黑色高亮部分清除。

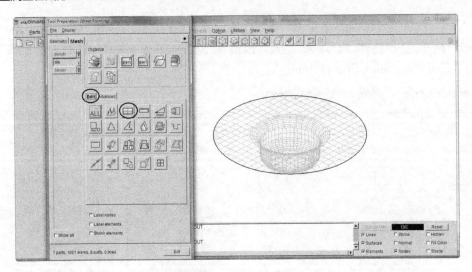

图 3-19　对零件"DIE"进行边界检查

3.2.4　定义凸模零件"PUNCH"

在"Tool Preparation(Sheet Forming)"的对话框中单击"punch"按钮,再单击 "Copy Elem…",如图 3-20 所示,按钮弹出"Copy elements"对话框,如图 3-21 所示,单击其中 "Select…"按钮,弹出如图 3-22"Select Elements"对话框,单击"Displayed"按钮,零件"DIE" 呈黑色高亮显示,此时可将零件"BLANK"处于关闭状态,只显示零件"DIE",以便进行 观察与操作,单击 🔺 "Spread"按钮,并调整"Angle"滑块数值为 1,勾选"Exclude",单 击零件"DIE"凸缘面,使零件"DIE"除凸缘面外的部位处于黑色高亮显示,"OK"按钮, 退出"Select Elements"对话框,如弹出图 3-23 所示 "Copy elements"对话框,单击"Apply" 按钮,依次单击"Exit"按钮,直至退到 "Tool Preparation(Sheet Forming)"对话框,完成零 件"PUNCH"的定义。

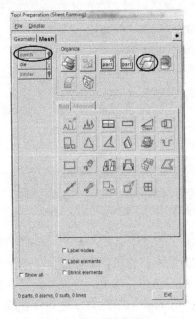

图 3-20　定义凸模

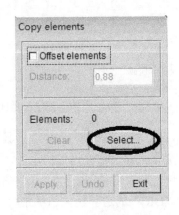

图 3-21　复制单元对话框

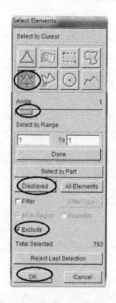

图 3-22　选择单元对话框　　　　图 3-23　完成零件"PUNCH"的定义

3.2.5　定义压边圈零件"BINDER"

在"Tool Preparation(Sheet Forming)"对话框中单击"binder"按钮，单击  "Turn Parts On/ Off"按钮，关闭"PUNCH"，打开"DIE"，单击"OK"按钮。单击"Copy Elem…"按钮，弹出"Copy elements"对话框，单击"Select…"按钮弹出"Select Elements"对话框，如图 3-24 所示，单击按钮 △ "Spread"，调整滑块数值为 1，单击选择零件"DIE"的凸缘面，零件凸缘面呈黑色高亮显示，如图 3-25 所示。单击"OK"按钮，退出"Select Elements"对话框，单击"Apply"按钮后，依次单击"Exit"按钮，直至返回"Sheet Forming"对话框，完成压边圈零件"BINDER"的定义，如图 3-26 所示。

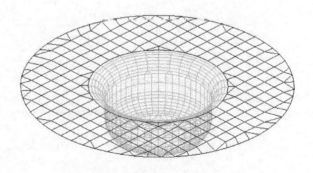

图 3-24　"Select Elements"对话框　　　　图 3-25　选择零件"DIE"凸缘面

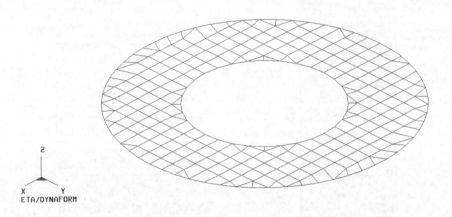

图 3-26　完成压边圈的定义

3.2.6　工模具初始定位设置

在"Sheet Forming"对话框中单击"Positioning…"按钮，如图 3-27 所示，弹出"Positioning"对话框，如图 3-28 所示。选择工具栏中的"Left View"按钮 及"Fill Creen" 来调整好视角，设置成图 3-28 所示的参数，此时将 BLANK 零件打开，并将"Surfaces"的勾去掉，如图 3-29 所示，完成了工模具初始定位设置并及时保存好文件。

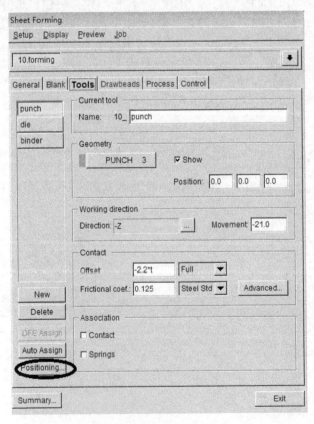

图 3-27　"Sheeting Forming"对话框

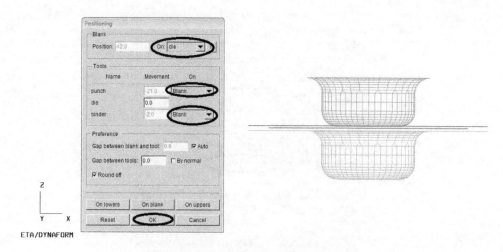

图 3-28　"Positioning"参数设置

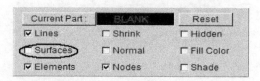

图 3-29　关闭"Surfaces"显示

3.2.7　工模具拉深工艺参数设置

在如图 3-30 所示的"Sheet Forming"对话框中单击"Process"选项卡，单击"closing"按钮，采用系统缺省值，再单击"drawing"按钮，进行如图 3-31 所示的相应参数设置，完成了拉深工艺参数的设置。

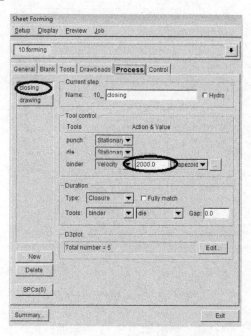

图 3-30　"closing"参数设置

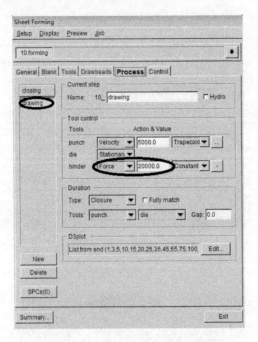

图 3-31 拉深行程相关参数的设置

3.2.8 Control 菜单控制说明

在如图 3-31 所示的"Sheet Forming"对话框中单击"Control"选项卡弹出如图 3-32 所示的"Control"对话框。

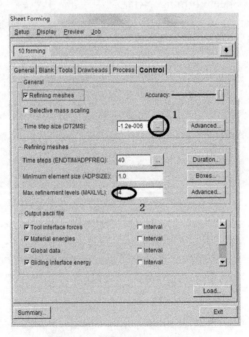

图 3-32 "Control"对话框

单击图中黑色圈 1 所示的按钮,弹出如图 3-33 所示的时间步长对话框,用户可以选择软件原有的默认值，也可以选择重新计算值。

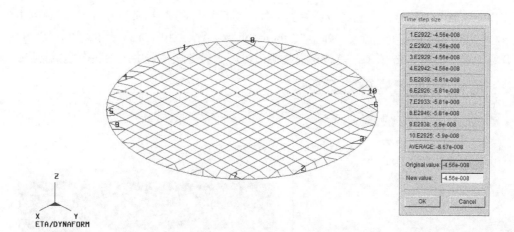

图 3-33　时间步长设置示意图

如图 3-33 所示，LS-DYNA 在检查所有单元后，根据最小单元给出了时间步长的推荐值 "-4.56e-008"，用户可以使用该值，也可以参考平均值 "-1.2e-007" 一般情况下，用户可以选择软件推荐值，如对该值有特殊要求的，可依照第一章相关部分进行精确计算。修改图中黑色圈 2 所示的数值，该值为自适应网格划分等级，自适应网格的划分是指在 LSDYNA 求解器在计算时，由于某些区域的应力应变情况复杂，变化剧烈，原始的网格大小可能无法表达变形的变化，需要更细化的网格，因此软件会根据用户设定的自适应划分等级来自动细化网格，细化后的网格呈几何倍的缩小，　细化等级的具体阐述可以参阅本教程第 1 章相关内容。

3.2.9　工模具运动规律的动画模拟演示

在如图 3-32 所示 "Sheet Forming" 对话框中单击菜单栏 "Preview/Animation" 命令，弹出对话框，如图 3-34 所示，调整滑块 "Frames/Second" 适宜的数值，单击 "Play" 按钮，进行动画模拟演示。通过观察动画，可以判断工模具运动设置是否正确合理。单击 "Stop" 按钮结束动画，返回 "Sheet Forming" 对话框。

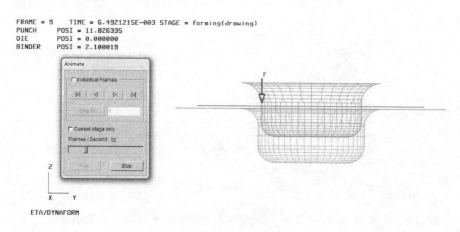

图 3-34　动画模拟演示设置

3.2.10 提交 LS-DYNA 进行求解计算

在提交运算前须及时保存已经设置好的文件。然后，再在"Sheet Forming"对话框中单击菜单栏"Job/Job Submitter"命令，弹出"Submit job"对话框，如图 3-35 所示。单击"Submit"按钮开始计算，如图 3-36 所示。等待运算结束后，可在后处理模块中观察整个模拟结果。

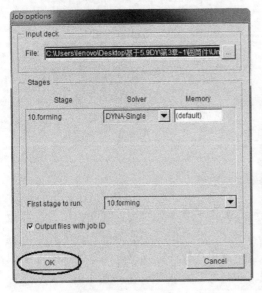

图 3-35　提交运算设置　　　　　　　图 3-36　提交 LS-DYNA 进行求解运算

DYNAFORM5.9 软件提供了多种任务提交方式，除了本文举例的提交方式外，用户还可在"Sheet Forming"对话框中单击菜单栏"Job/LS-DYNA input Deck…"命令。弹出如图 3-37 所示的对话框。

图 3-37　保存 dyn 文件

用户可以在如图 3-38 所示的"Job Submitter"中直接导入该 dyn 文件，单击提交计算，该方法可以方便用户不使用 DYNAFORM 软件，批量提交计算。

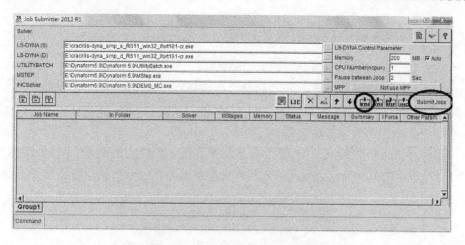

图3-38　"Job Submitter"对话框

3.3　利用 eta/post 进行后处理分析

3.3.1　观察成形零件的变形过程

完成分析运算后，在 DYNAFORM5.9 软件中单击菜单栏中的"Post Process/eta post"命令，进入后处理程序。在菜单中选择"File/Open"命令，浏览保存结果文件目录，选择保持自定义的文件夹中的"*.d3plot"文件单击"Open"按钮，读取 ls-dyna 结果文件。为了重点观察零件"BLANK"的成形状况，单击 "Turn Part On/Off"按钮，关闭零件"DIE"、"BINDER"和"PUNCH"，只打开"BLANK"，并要"Frame"下拉列表框中选择"All Frames"选项，然后单击 ▶ "Play"按钮，以动画形式显示整个变形过程，单击"End"按钮结束动画。也可选择"Single Frame"，对过程中的某时间步的变形状况进行观察，如图3-39所示。

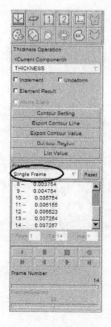

图3-39　设置观察变形过程

3.3.2 观察成形零件的成形极限图及厚度分布云图

单击如图 3-40 所示各种按钮可观察不同的零件成形状况，例如单击其中的 ⬇ "Forming Limit Diagram"按钮和 ✍ "Thickness"按钮，即可分别观察成形过程中零件"BLANK"的成形极限及厚度变化情况，如图 3-41 所示为零件"BLANK"的厚度变化分布云图，如图 3-42 所示为零件"BLANK"的成形极限图。同样可在"Frame"下拉列表框中选择"All Frames"，然后单击 ▶ "Play"按钮，以动画模拟方式演示整个零件的成形过程，也可选择"Single Frame"，对过程中的某时间步进行观察，根据计算数据分析成形结果是否满足工艺要求。

图 3-40 成形过程控制工具按钮

图 3-41 零件"BLANK"板料厚度变化分布云图

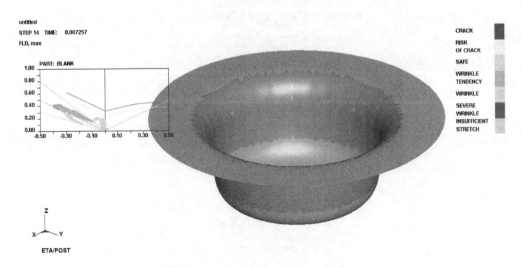

图 3-42 零件"BLANK"成形极限图

　　注意：此零件的网格划分参数只修改了最大单元尺寸为 4mm，其他均采用了系统默认值。如何确定网格的具体参数，除了第一章说明的网格划分的基本原则外，在实际的应用过程中，对于大型汽车覆盖件，面板等零件，推荐系统默认值，该值是一个经过工程验证的系统组合，能够适应大部分的大型零件网格划分，具有很好的适应性。对于圆筒件等小零件，建议读者根据零件的实际大小，修改最大网格尺寸就可以了，一般 5～10mm 就可以得到比较良好的结果。如果读者仍然觉得单元过大，需要再改小一些，比如最大单元需要改到 1mm，那么最小单元可改到 0.1mm，相应的弦高值改为 0.01，临边角改为 10°。如读者对此没有概念，那么可以按照默认值相互之间的比例关系，成倍缩小数值。网格划分参数并没有特殊规定，皆是控制单元的大小、密度、数量等，划分理论在第 1 章相关章节中已经进行了较为详细的介绍，实际应用情况在此说明。另外关于时间步长以及网格细分等级如何确定，读者可以参考以下意见，对于时间步长，可以选择较大的时间步长，提高模拟效率，可在系统计算的时间步长上稍许加大一些。网格细分等级一般情况下 3 级就可以了，对于回弹等计算可以采用 4 级，读者可根据自己的模拟实践自行体会和总结经验，后续章节涉及相关内容将不再赘述。

汽车油箱底壳零件拉深成形模拟

本章主要针对一种典型汽车冲压零件——油底壳零件进行相应的拉深成形模拟分析。该零件是一个实际的冲压零件，该零件的拉深深度较浅，底部变形量较少。在进行模拟时首先需抽取中性层，经过翻边后计算坯料尺寸，抽取零件上、下表面创建凹模参考曲面。最后根据此参考曲面偏置出模拟需要的工具曲面。

4.1 导入模型编辑零件名称

启动 DYNAFORM5.9 后，选择菜单栏"File/Import"命令，导入文件"YDK.igs"，如图 4-1 所示。再单击"取消"按钮，完成文件导入，并退出文件导入对话框。导入文件后，观察模型显示如图 4-2 所示。

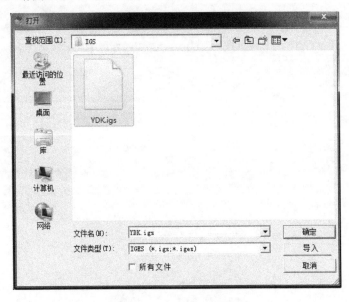

图 4-1 导入文件对话框

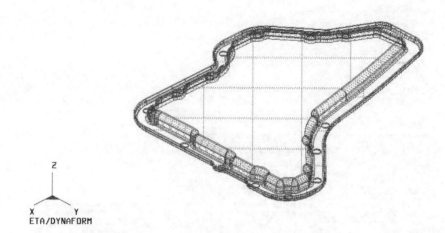

图 4-2　导入的油底壳零件 CAD 模型

通过观察图 4-2 可知，该零件是一个具有一定厚度的实体零件，由于塑性成形可以近似考虑中性层不参与变形。因此在 DYNAFORM5.9 软件中需要抽取中性层来计算所需要的坯料尺寸。

4.2　估算原始坯料及创建凹模参考曲面

4.2.1　创建零件"MPART"单元模型（提取中性层）

选择菜单"UserSetup/Preprocess/Surface"命令，如图 4-3 所示，单击 ⬜ "Generate Middle Surface"按钮。弹出"Select Surfaces"对话框，单击其中的"Displayed Surf"按钮。零件呈黑色高亮显示，单击"OK"按钮，弹出"Select Option"对话框，默认系统缺省项，单击"DONE"按钮。零件中性层抽取完毕后，单击"OK"按钮并退出"Preprocess"对话框。编辑原导入的零件模型为"OPART"，编辑抽取中性层后的零件为"MPART"保存文件。

此功能自动从带有厚度的实体钣金零件产生中间曲面。单击此功能后，程序将弹出选择曲面对话框并在消息栏中提示用户。这时用户需要选择整个实体模型中的所有曲面。如果用户只需要对实体模型一部分进行抽取中面时，也可以只选择部分对应的实体模型对整个模型抽取中面，需要选择所有的曲面。选择完整个实体模型曲面之后，程序将从所有选择的曲面出发，自动产生中面并将中面存放在一个新的名为"MIDSRF"的零件层中。根据模型的大小和复杂程度，程序可能需要用户等待几秒钟或者更长的时间。如果此零件层存在，程序自动在零件层后面加上序列号以示区别。如"MIDSRF1"、"MIDSRF2"…等。本实例中自动命名的文件名为"MIDSRF01"。这里简单介绍一下"Select Option"对话框中的命令。Toggle On/Off Mid Surfaces：用来切换所产生的中面层是否显示在屏幕上；Toggle On/Off Other Part：用来切换除中面之外的其他曲面是否显示在屏幕上；Mid Surf of Two Surfaces：允许用户从相对的一对曲面中产生中面；Surfaces Offset：允许用户从所选择的对曲面中偏置出中面；"Mid Surf of Two Surfaces"以及"Surfaces Offset"命令可以帮助用户应对从其他 CAD 软件导入 DYNAFORM 中发生的曲面丢失情况，从而给抽取中层面造成障碍。

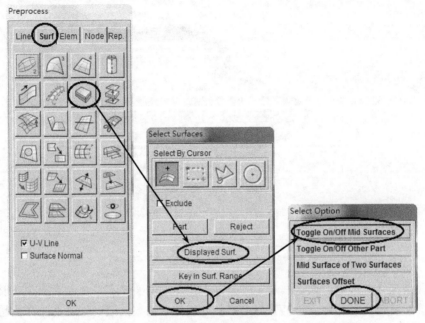

图 4-3　选择抽取零件中性层的操作过程示意

4.2.2　创建零件"MPART"及板料轮廓线

选择菜单栏"BSE/Preparation"，弹出"NEW BSE Project"对话框，如图 4-4 所示，单击"Material Library"按钮中选择"stainless"材料 304（36），"Material"栏显示为"SS304"，设置厚度为 1.500mm，单击"OK"，即弹出"Tool Preparation(BSE)"对话框，如图 4-5 所示，单击 "Define tool"按钮，弹出"Define Sheet"对话框，如图 4-6 所示，单击其中的"Undefined"选择零件"MPART"依次单击"OK""Exit"按钮返回"Tool Preparation(BSE)"对话框。单击 "Unfold Flange"命令，选择零件的翻边部位(可利用工具栏的 "Cursor Zoom"、 "Free rotation"和 "Pan model"等工具配合使用)，选取全部零件翻边部位，零件翻边部分边界轮廓呈黑色高亮显示，如图 4-7 所示，依次单击"OK"和"DONE"按钮后，即弹出"Control Keys"对话框，如图 4-8 所示。单击"Delete Original Flanges"按钮，删除零件原有的翻边工艺部位，保留修正翻边工艺后的部位，并单击"DONE"按钮，系统自动进行零件翻边工艺修正，翻边修正完成后的零件，如图 4-9 所示。此时系统会自动创建一个新零件"UNFOLDED"，单击"Tool Preparation(BSE)"对话框中的 按钮，弹出"Add…To Part"对话框，单击"Surface（s）"，弹出"Select Surfaces"对话框，单击"Part"按钮，选择系统新创建的零件"UNFOLDED"，返回"Add…To Part"对话框，依次单击"Apply"和"Close"按钮，退出对话框。单击"Parts/Delete"命令，删除新创建的零件 "UNFOLDED"。至此零件"MPART"创建成功，如图 4-10 所示。

选择"Tool Preparation(BSE)"对话框中的"Mesh"选项，单击 "Surface Mesh"按钮，弹出"Surface Mesh"对话框，设置参数如图 4-11 所示(最大网格尺寸数值设置为"20.00000"，其他几何尺寸保持缺省值)。单击"Select Surfaces"按钮，在弹出的对话框中单击"Displayed Surf"按钮，此时零件"MPART"将呈黑色高亮显示，依次单击"OK"按和"Apply"按钮，并单击"Yes"按钮加以确认，单击"Exit"按钮返回到"Element"对话框，单击"OK"按钮退出对话框。完成零件"MPART"的单元网格模型的创建，如图 4-12 所示。

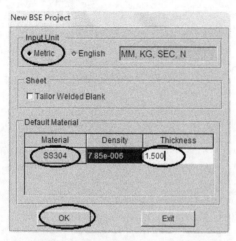

图 4-4　"NEW BSE Project" 对话框

图 4-5　"Tool Preparation(BSE)" 对话框

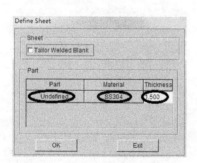

图 4-6　"Define Sheet" 对话框

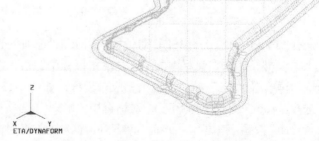

图 4-7　选择零件翻边部位

图 4-8　"Control Keys" 对话框

图 4-9　翻边修正完成后的零件 "MPART"

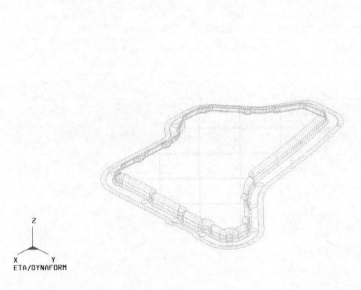

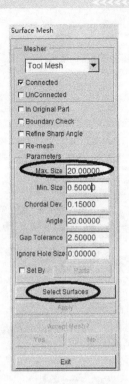

图 4-10　新创建的零件"MPART"　　　　　　图 4-11　设置单元网格参数对话框

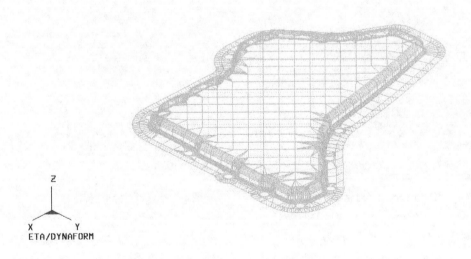

图 4-12　零件"MPART"单元网格模型

　　选择"Tool Preparation(BSE)"对话框中"Mesh"选项下的"Advanced"选项，单击 ▦ "Auto Fill"按钮，然后根据信息栏中的提示，单击鼠标中键后，系统将自动填补内孔，然后单击右键确认，再单击"OK"按钮，退出相应对话框，如图 4-13 所示。

　　选择"Tool Preparation(BSE)"对话框中"Mesh"选项下的"Edit"选项，单击 ▥ "Auto plate normal"按钮，弹出"Control Keys"对话框，如图 4-14 所示，单击其中"Cursor Pick Part"选项，选择零件"MPART"凸缘面，弹出"DYANFORM Question"对话框，观察网格法线方向，单击"Yes"或"No"按钮，直至确定网格法线方向如图 4-15 所示。法线方向的设置总是指向工具与坯料的接触面方向，完成网格法线方向检查。单击"Exit"按钮退出"Control Keys"对话框，返回"Tool Preparation(BSE)"对话框。

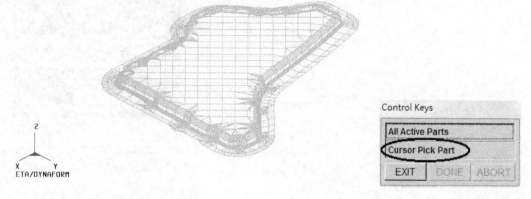

图 4-13 填补内孔后的零件"MPART"　　　　　　图 4-14 "Control Keys"对话框

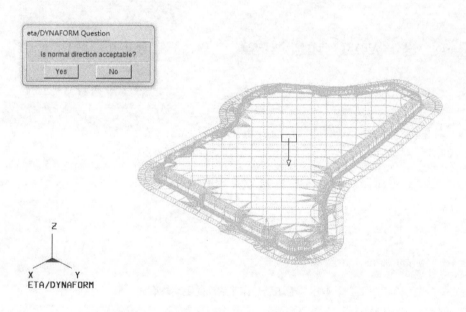

图 4-15 对零件"MPART"进行网格法线方向检查

在"Tool Preparation(BSE)"对话框中"Mesh"选项卜的"Edit"选项，单击⊞"Boundary Display"按钮，如图 4-16 所示。进行边界检查时，通常只允许除边缘轮廓边界呈黑色高亮，其余部位均保持不变。如果其余部分的网格有黑色高亮显示，则说明在黑色高亮处的单元网格有缺陷，须对有缺陷的网格进行相应的修补或重新进行单元网格划分。在观察零件"MPART"的边界线显示结果时，所得结果如图 4-16 所示。完成边界检查后，若网格边界没有缺陷，可单击工具栏中的🖊"Clear Highlight"，清除边缘轮廓高亮显示部位，完成网格检查。

在"Tool Preparation(BSE)"对话框中单击最下方的"MSTEP"按钮，弹出"MSTEP"对话框，如图 4-17 所示，单击"Run"按钮进行毛坯展开计算，生成的毛坯展开轮廓，如图 4-18 所示。

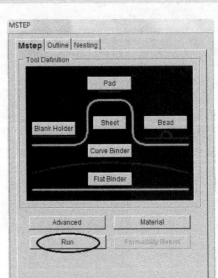

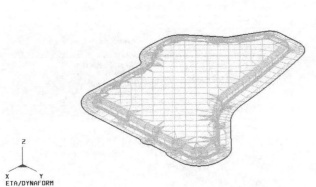

图 4-16　对零件"MPART"进行轮廓边界检查

图 4-17　"MSTEP"对话框

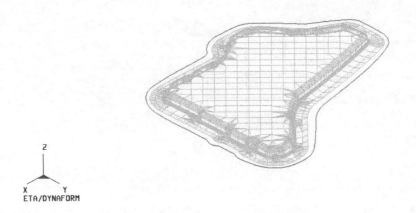

图 4-18　毛坯展开计算估计的毛坯轮廓线

4.2.3　抽取零件的上下表面

在"Tool Preparation(Sheet Forming)"中单击 "Turn Parts On/ Off"按钮,关闭除"OPART"之外的所有零件,只打开"OPART"。依次选择菜单"UserSetup/ Preprocess/Surface"命令,如图 4-3 所示,单击 "Separate Surface"按钮。弹出"Select Surfaces"对话框,单击其中的"Displayed Surf"按钮。零件呈黑色高亮显示,单击"OK"按钮,弹出"Select Option"对话框,同时零件上表面呈现黑色高亮显示。读者这时可以仔细检查工件上表面是否全部显示黑色高亮,如果有些面没有显示可以通过"Select Option"中的"Add Top Surfaces"将遗漏的曲面添加进去。如果确定没问题,可以单击"DONE"按钮,这时弹出"Select Option"对话框针对的是下表面的,同时高亮显示的也是下表面,读者可以检查曲面是否完整,如果没问题继续单击"DONE"并退出对话框。在"Tool Preparation(Sheet Forming)"中单击 "Parts

Turn on/ Off"按钮，如图 4-19 所示，系统建立了"THKSRF01"（这表示厚度曲面），"TOPSRF01"（这表示上表面），"BOTSRF01"（这表示下表面曲面）。至此抽取上下表面就完成了。参考之前步骤，对"TOPSRF01"进行翻边，划分网格，修补孔洞的操作，完成之后的上表面，如图 4-20 所示。

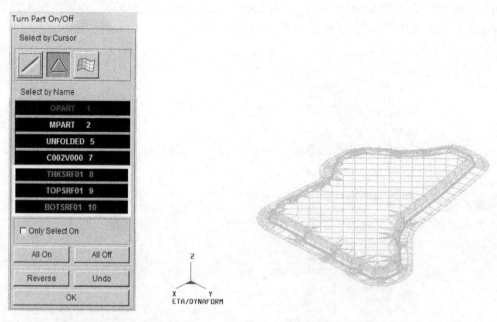

图 4-19　抽取上下表面后获得的零件示意图　　　图 4-20　获得的"TOPSRF01"零件

4.2.4　创建零件"DIE"参考曲面

由于本章是根据实际零件设计凹模，故而抽取了零件的上表面作为设计凹模的参考曲面。在实际冲压中，凹模和零件的上表面之间是有间隙的。在工业上凸、凹模间隙一般采取单边间隙 10%，由于零件厚度为 1.5mm，所以凹模和零件上表面间隙设为 0.075mm。

首先检查"TOPSRF01"零件的网格方向，如图 4-21 所示（此处是为了保证创建凹模的必要，其他情况网格方向的检查以指向坯料的原则为唯一标准）。

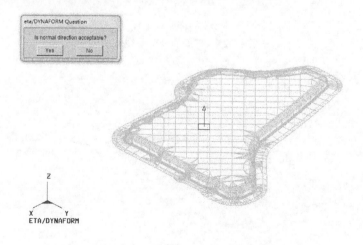

图 4-21　"TOPSRF01"网格方向检查

选择菜单 "UserSetup/Preprocess/Rep." 命令，如图 4-22 所示，单击 圖 "Expand" 按钮，弹出 "Boundary Expand" 对话框，如图 4-23 所示，单击其中的 "Select Part(s)" 按钮，然后选择 "TOPSRF01" 之后单击 "OK"，返回到 "Boundary Expand" 对话框，将边缘扩展参数 "Extension" 的数值设置为：25，并单击 "Boundary Expand" 按钮，生成如图 4-24 所示扩展的外轮廓线，单击 "Flatten Boundary Segment" 按钮进行轮廓线优化，得到如图 4-25 所示的优化后的外轮廓线，单击 "Fill Boundary" 按钮，则生成如图 4-26 所示的单元网格模型，单击 "Exit" 退出对话框。

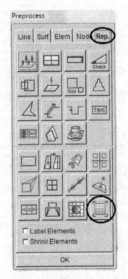

图 4-22 "Preprocess" 对话框

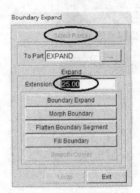

图 4-23 "Boundary Expand" 对话框

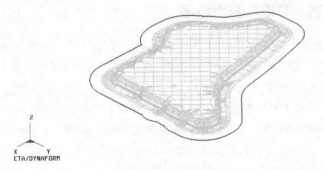

图 4-24 扩展的外轮廓线

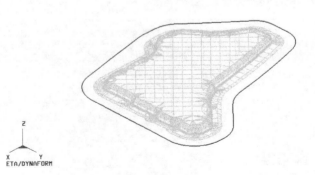

图 4-25 优化后的外轮廓线

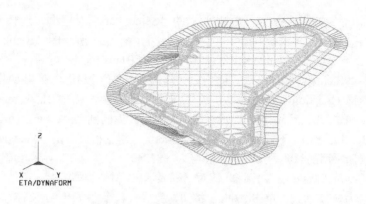

图 4-26　最终生成的单元网格模型

　　选择菜单栏的"Parts/Add...To Part"命令，弹出"Add...To Part"对话框，如图 4-27 所示，单击 ⋯ 进入"Select Part"对话框，选择"TOPSRF01"，返回"Add...To Part"对话框，单击"Element(s)"，弹出"Select Elements"对话框，单击"Select by Part"按钮，选择系统创建的零件"EXPAND"，返回"Add...To Part"对话框，依次单击"Apply"和"Close"按钮，退出对话框。最终完成的上表面，如图 4-28 所示。

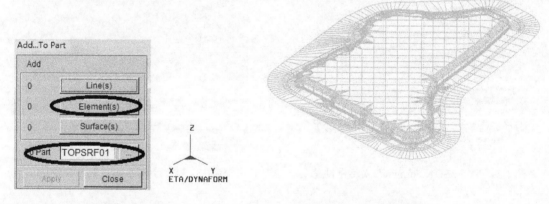

图 4-27　"Add...To Part"对话框　　　　　　图 4-28　新创建的零件"TOPSRF01"

4.3　自动设置

4.3.1　初始设置

　　在 DYNAFORM5.9 软件的菜单栏中选择"AutoSetup/Sheet Forming"命令，弹出"New Sheet Forming"对话框。根据如图 4-29 所示，进行初始设置，完成后单击"OK"按钮，弹出如图 4-30 所示的"Sheet Forming"对话框，在"General"选项卡中"Title"命名为"YDK"。

4.3.2　定义板料零件"BLANK"

　　在如图 4-30 所示的"Sheet Forming"对话框中，单击"Blank"选项卡，单击"Define geometry"按钮，弹出如图 4-31 所示的"Blank generator"对话框，单击其中"Outline"选

项下的"Select line"按钮，弹出图 4-32 所示的"Select Part"对话框，选择"C002V000 7"，单击"OK"按钮，退出"Select Part"对话框，返回如图 4-33 所示的"Blank generator"对话框，单击其中"Blank mesh"按钮，弹出图 4-34 所示的"Blank mesh"对话框，类型选择"Shell"，设置单元尺寸"Element Size"数值为 5，单击"OK"按钮，弹出如图 4-35 所示的"eta/DYNAFORM Question"对话框，单击"OK"按钮，返回到"Blank mesh"对话框，单击"OK"按钮，单击"Exit"按钮，完成板料网格划分，返回到"Sheet Forming"对话框，如图 4-36 所示，单击"Material"下的按钮，弹出"Material"对话框，单击"Material Library"按钮，进行材料选择（所采用的材料为不锈钢，牌号为 SS304），如图 4-37 所示，单击"OK"按钮，进入如图 4-38 所示的"Material"对话框，该对话框显示出：材料类型为"T36"，材料牌号为"SS304（36）"的材料应力/应变曲线，单击"OK"按钮，完成板料零件"BLANK"的定义。

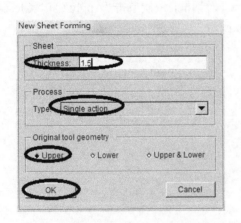

图 4-29 "New Sheet Forming"对话框设置

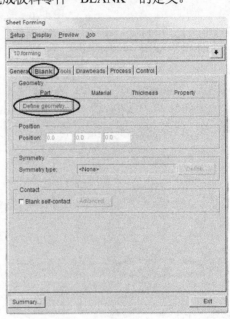

图 4-30 "Sheet Forming"对话框设置

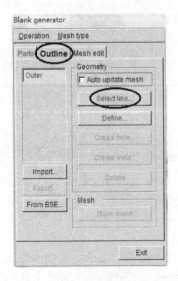

图 4-31 "Blank generator"对话框

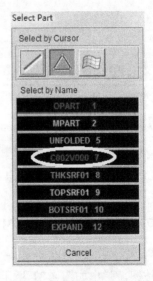

图 4-32 "Select Part"对话框

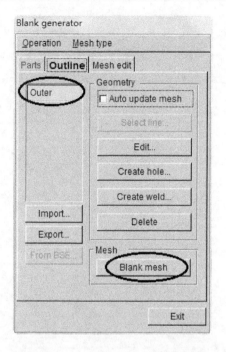

图 4-33 "Blank generator" 对话框

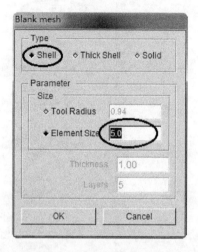

图 4-34 "Blank mesh" 对话框

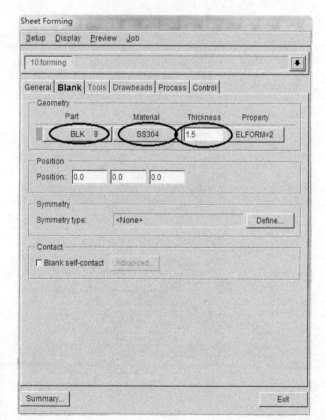

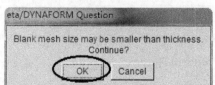

图 4-35 "eta/DYNAFORM Question" 对话框　图 4-36　完成 "BLANK" 选择后的 "Sheet Forming" 对话框

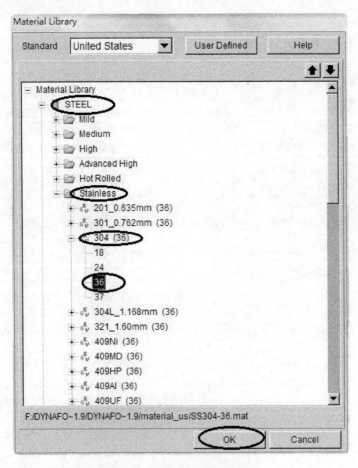

图 4-37 材料的选择设置

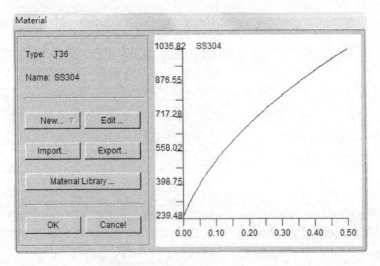

图 4-38 T36 SS304 材料的应力/应变曲线

4.3.3 定义凹模零件"DIE"

在图 4-36 的"Sheet Forming"对话框中单击"Tools"选项卡中的"die"按钮,单击"Define

geometry"按钮,如图 4-39 所示。弹出"Tool Preparation(Sheet Forming)"对话框,单击"die"按钮,选择"Mesh",点选"Copy element",如图 4-40 所示。弹出的"Copy element"对话框中,勾选"Offset element"距离输入 0.075,如图 4-41 所示。

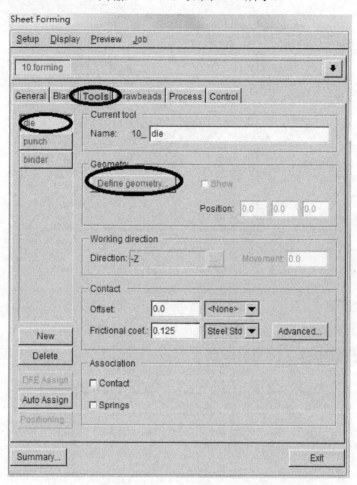

图 4-39 "Sheet Forming"对话框

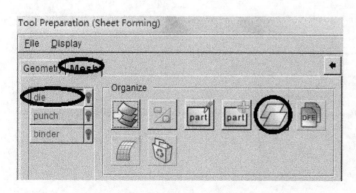

图 4-40 "Copy element"对话框(一)

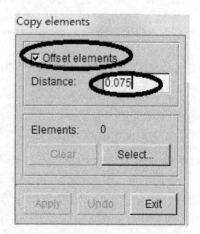

图 4-41 "Copy element"对话框(二)

单击"Select"按钮，选择"TOPSRF01"，依次单击"Apply"、"Exit"退回到"Tool Preparation(Sheet Forming)"对话框，完成"DIE"创建，如图 4-42 所示。

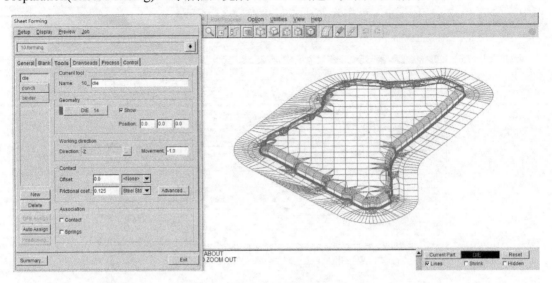

图 4-42　定义凹模

注意：这时需要检查一下"DIE"的网格法线方向及边界，网格法线方向应该沿着 Z 轴向下。经过网格法线方向及边界检查确定后，"DIE"定义完成。

4.3.4　定义凸模零件"PUNCH"

在"Tool Preparation(Sheet Forming)"的对话框中单击"punch"按钮，再单击"Copy Elem…"如图 4-43 所示，按钮弹出"Copy elements"对话框，按照如图 4-44 所示设置，并单击其中"Select…"按钮，弹出如图 4-45"Select Elements"对话框，按照如图 4-45 所示选择网格，单击"Displayed"按钮，零件"DIE"呈黑色高亮显示，单击 △ "Spread"按钮，并调整"Angle"滑块数值为 1，勾选"Exclude"，单击零件"DIE"凸缘面，使零件"DIE"除凸缘面外的部位处于黑色高亮显示，单击"OK"按钮，退出"Select Elements"对话框，如弹出图 4-46 所示"Copy elements"对话框，单击"Apply"按钮，依次单击"Exit"按钮，直至退到"Tool Preparation(Sheet Forming)"对话框，完成零件"PUNCH"的定义。

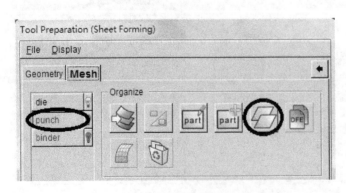

图 4-43　定义凸模

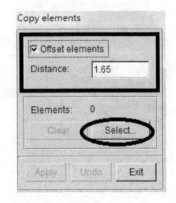

图 4-44　"Copy elements"对话框

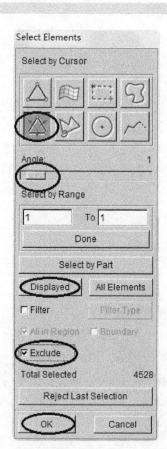

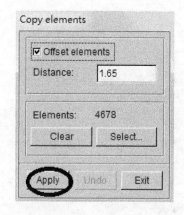

图 4-45 "Select Elements"对话框　　　　图 4-46 "Copy element"对话框

对凸模进行网格法线方向及边界检查。重申原则：法线方向的设置总是指向工具与坯料的接触面方向检查确定之后，完成的"PUNCH"定义，如图 4-47 所示。

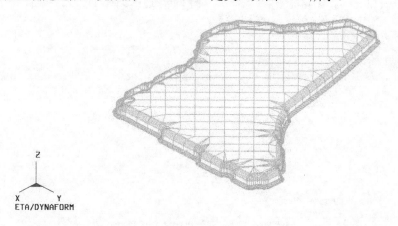

图 4-47　完成零件"PUNCH"的定义

4.3.5　定义压边圈零件"BINDER"

在"Tool Preparation(Sheet Forming)"对话框中单击"binder"按钮，单击 "Parts Turn On/ Off"按钮，关闭"PUNCH"，打开"DIE"，单击"OK"按钮。单击"Copy Elem…"按

钮，弹出"Copy elements"对话框，勾选"Offset element"单击"select…"按钮弹出"Select Elements"对话框，如图 4-48 所示，单击按钮 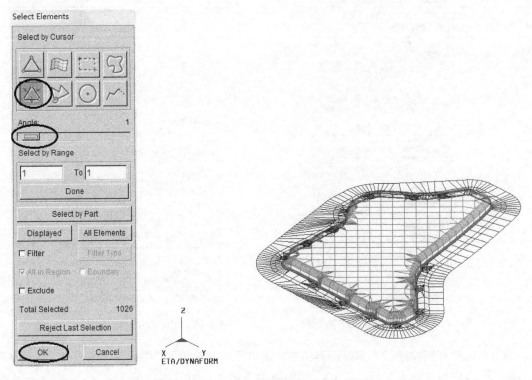 "Spread"，调整滑块数值为 1，单击选择零件"DIE"的凸缘面，零件凸缘面呈黑色高亮显示，如图 4-49 所示。单击"OK"按钮，退出"Select Elements"对话框，单击"Apply"按钮后，依次单击"Exit"按钮，直至返回"Sheet Forming"对话框，完成压边圈零件"BINDER"的定义，如图 4-50 所示。

图 4-48 "Select Elements"对话框   图 4-49 选择零件"DIE"凸缘面

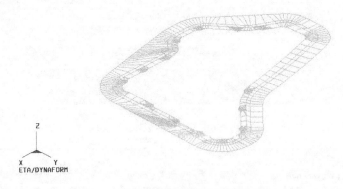

图 4-50 完成零件"BINDER"的定义

注意：压边圈也需要检查网格的法线方向以及边界情况，具体涉及检查方法同上，不再赘述。

4.3.6 工模具初始定位设置

在"Sheet Forming"对话框中单击"Positioning…"按钮，如图 4-51 所示。弹出

"Positioning"对话框，如图 4-52 所示。选择工具栏中的"Left View"按钮 来调整视角，设置成图 4-52 所示的参数，此时将 BLANK 零件打开，并将"Surfaces"的勾去掉，完成工模具初始定位设置。

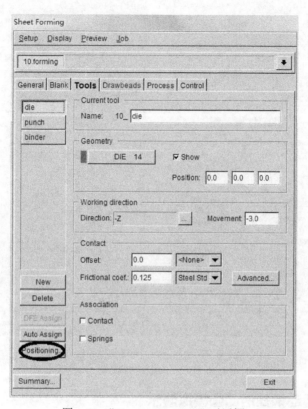

图 4-51 "Sheeting Forming"对话框

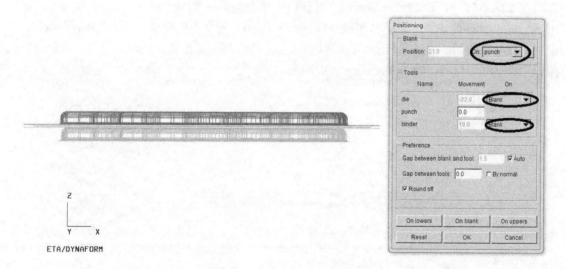

图 4-52 "Positioning"参数设置

4.3.7　工模具拉深工艺参数设置

在如图 4-53 所示的"Sheet Forming"对话框中单击"Process"选项卡，单击"closing"

按钮，采用系统缺省值，再单击"drawing"按钮，进行如图 4-54 所示的相应参数设置。完成了拉深工艺参数的设置。

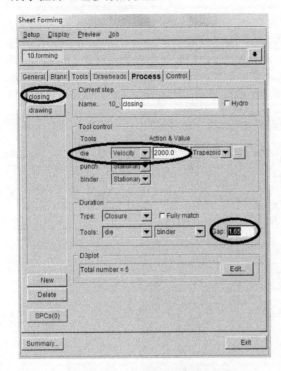

图 4-53 "closing"参数设置

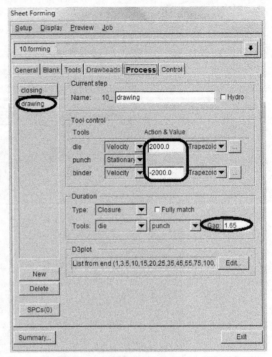

图 4-54 拉深行程相应参数的设置

4.3.8 工模具运动规律的动画模拟演示

在如图 4-54 所示"Sheet Forming"对话框中单击菜单栏"Preview/Animation"命令，弹出对话框，如图 4-55 所示，调整滑块"Frames/Second"到合适的数值，单击"Play"按钮，进行动画模拟演示。通过观察动画，可以判断工模具运动设置是否正确合理。单击"Stop"按钮结束动画，返回"Sheet Forming"对话框。

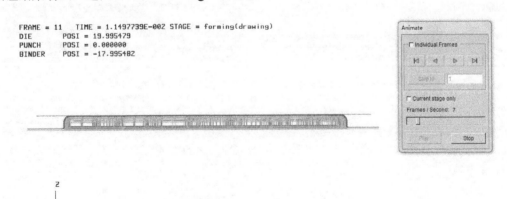

图 4-55 动画模拟演示设置

4.3.9　提交 LS-DYNA 进行求解计算

在提交运算前，先保存已经设置好的文件。再在"Sheet Forming"对话框中单击菜单栏"Job/Job submitter"命令，弹出"Submit job"对话框，如图 4-56 所示。单击"Submit"按钮开始计算，如图 4-57 所示。等待运算结束后，可在后处理模块中观察整个模拟结果。

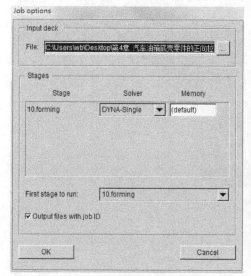

图 4-56　提交运算设置　　　　　　　图 4-57　提交 LS-DYNA 进行求解计算

4.4　利用 eta/post 进行后处理分析

4.4.1　观察成形零件的变形过程

完成分析运算后，在 DYNAFORM5.9 软件中单击菜单栏中的"Post Process/eta post"命令，进入后处理程序。在菜单中选择"File/Open"命令，浏览保存结果文件目录，选择"xxxx.d3plot"文件单击"Open"按钮，读入结果文件。为了重点观察零件"BLANK"的成形状况，单击 ▨ "Turn Parts On/Off"按钮，关闭零件"DIE"、"BINDER"和"PUNCH"，只打开"BLANK"，并要"Frame"下拉列表框中选择"All Frames"选项，然后单击 ▶ "Play"按钮，以动画形式显示整个变形过程，单击"End"按钮结束动画。也可选择"Single Frame"，对过程中的某时间步的变形状况进行观察。

4.4.2　观察成形零件的成形极限图及厚度分布云图

单击 ▨ "Forming Limit Diagram"按钮和 ⇦ "Thickness"按钮，即可分别观察成形过程中零件"BLANK"的成形极限及厚度变化情况，如图 4-58 所示为零件"BLANK"的成形极限图，如图 4-59 所示为零件"BLANK"的板料厚度变化云图。同样可在"Frame"下拉列表框中选择"All Frames"，然后单击 ▶ "Play"按钮，以动画模拟方式演示整个零件的成形过程，也可选择"Single Frame"，对过程中的某时间步进行观察，根据计算数据分析成形结果是否满足工艺要求。

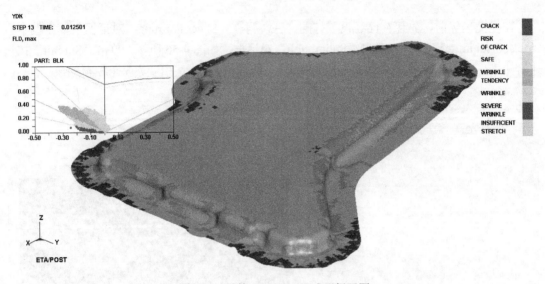

图 4-58　零件"BLANK"成形极限图

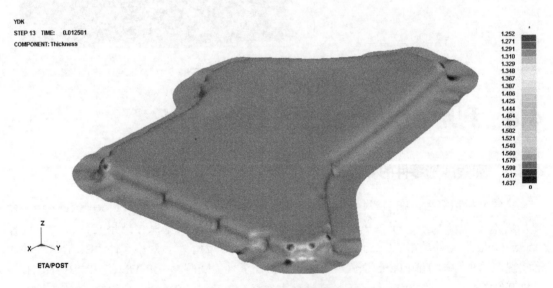

图 4-59　零件"BLANK"板料厚度变化分布云图

在此简单总结一下如何确定冲压速度大小的问题。冲压速度值是一个可动态调整的数值，合理的冲压速度大小的确定原则在第 1 章相关章节里有详细介绍，在此以质量缩放 20%为一个标准考量为例，那么在一般情况下，对于大多数零件读者都可以确定速度为 1000～2000mm/s，能够适应大多数的模拟。读者可以在模拟计算开始后在 LSDYNA 的求解器界面同时按下"CTRL+C"，键盘输入"SW2"再按回车键，即查看"Percentage increase"数值，这个数值就是代表质量的缩放值，以此数值作为调整冲压速度的参数。如果冲压速度过大，可以修改为 500～800mm/s，这组速度也是模拟常用选项。

第5章

车门内板零件拼焊冲压成形模拟

　　拼焊技术是指将两块或两块以上的板料，采用拼焊工艺先将板料焊接在一起，然后进行冲压成形。焊接在一起的板料可具有不同厚度、性能、材质和表面涂层。在汽车制造业中采用拼焊冲压成形技术，有许多优点：① 可较好满足复杂汽车零件的各部位对材质、厚度、涂层、性能等不同的要求；② 降低车身质量，从而提供低燃耗、性能优良、安全的环保汽车；③ 提高车辆结构整体性，提高整体刚度，改善装配精度；④ 减少模具数目、降低材料消耗。

　　在传统汽车部件成形生产中往往是先将不同坯料冲压成若干零件后，再通过点焊或铆焊成一整体零件，这很容易产生焊接变形和焊接残余应力，零件的整体刚度不好，质量难以保证。为了改善整体零件的质量和性能，过去用整板成形法(One sheet forming)，零件质量明显提高，但整个汽车部件都用同样贵重的材料，既是浪费，又增加重量，已基本被放弃。如果采用拼焊板成形技术，即将各部分坯料拼焊后再进行整体冲压成形，则可避免这些问题，产品整体质量得到提高，这已证明是行之有效的方法。

　　拼焊板的应用可以追溯到 1960 年，日本本田汽车采用拼焊板冲压件做车身侧板。但其后的二十多年间拼焊板并没有得到广泛推广。直至1985 年，由于社会对汽车的性能和功能要求如节能、减少环境污染、驾驶安全等越来越高，拼焊板的应用才得到越来越多的关注，20世纪 90 年代开始逐渐在工业发达国家的汽车制造业和飞机制造业中得到普遍应用。由于现代汽车制造业正在向着轻量化，绿色制造趋势发展，在汽车零部件中采用拼焊冲压成形工艺也正得到空前的发展。

　　本章以某车型的车门内板零件拼焊拉深成形工艺为例，采用 DYNAFORM5.9 软件，对该汽车车门内板覆盖件零件进行拼焊冲压成形计算机数值模拟分析。该车门内板覆盖件零件在实际生产中采用的是一模两件的生产模式，因其形状复杂、结构尺寸大、材料厚度相对较大，整个零件在试生产中曾出现拉裂、起皱和局部变薄等成形缺陷。该车门内板零件所采用的材料为DC05/DC04，拼焊板料的厚度为DC05 为 0.7mm/DC04 为 1.4mm，数据基准侧为上模面，拼焊板外形及所用板料，如图 5-1 所示。本章实例采用 DYNAFORM 系统默认的单位设置：mm（毫米），ton（吨），sec（秒）和 N（牛顿）。

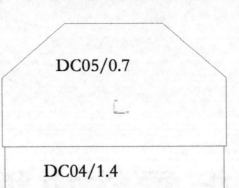

图 5-1　拼焊板示意图

5.1 模型准备

　　启动 DYNAFORM5.9 后，选择菜单栏"File/Open"命令，打开文件"OP10.df"，如图 5-2 所示。打开文件后，观察模型显示如图 5-3 所示。

图 5-2　导入文件对话框

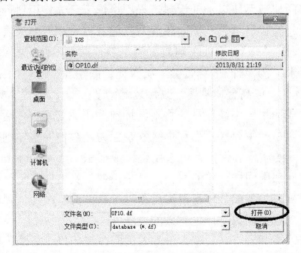

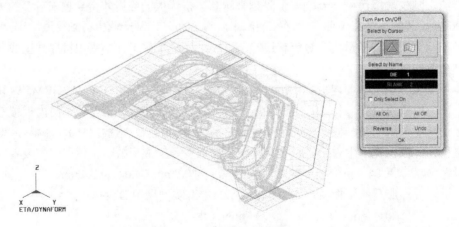

图 5-3　导入零件几何模型

导入车门内板零件凹模型面并命名为"DIE"，坯料轮廓线命名为"BLANK"，如图 5-3 所示。对"DIE"进行网格划分，采用曲面网格划分工具 修改最大网格尺寸为 10mm，其他尺寸采用系统默认值。划分好的网格如图 5-4 所示。

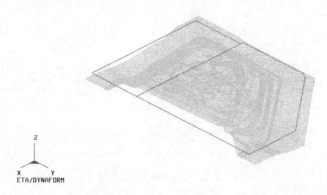

图 5-4　对凹模零件"DIE"进行网格划分结果

划分好网格的零件必须进行网格质量检查，主要包括：边界检查，重叠面检查等，如图 5-5 所示。凹模零件"DIE"划分网格后仍有许多质量不佳的单元网格及一些重叠面等网格缺陷，读者可自行根据提供的模型对这些网格进行网格修补练习，由于修补网格操作繁琐且不是本书介绍的重点，在此不进行累述。本书配套资料提供了修补好网格后的文件 "OP10die.df"，读者可直接在 DYNAFORM5.9 软件中导入该文件，可省去修补网格的步骤和过程，导入后的凹模零件"DIE"，如图 5-6 所示。

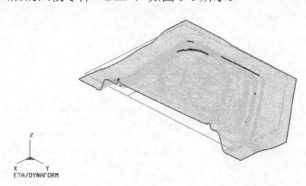

图 5-5　对"DIE"进行网格检查

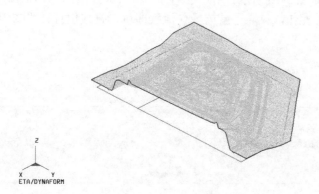

图 5-6　导入凹模零件模型"OP10die.df"

5.2 自动设置

5.2.1 初始设置

在 DYNAFORM5.9 软件的菜单栏中选择"AutoSetup/Sheet Forming"命令，弹出 "New Sheet Forming"对话框。根据如图 5-7 所示，进行初始设置，完成后单击"OK"按钮，弹出如图 5-8 所示的"Sheet Forming"对话框。

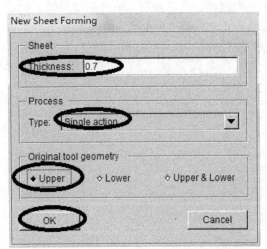

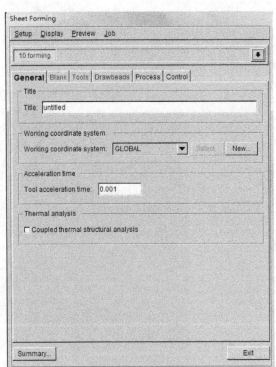

图 5-7 "New Sheet Forming"对话框设置　　　图 5-8 "Sheet Forming"对话框设置

注意：读者在打开"OP10die.df"文件时，该 df 格式文件已经包含了上述操作。读者可单击"Sheet Forming"对话框中的"Setup"选项卡，在下拉菜单中选择"New"按钮，系统会弹出询问对话框，如图 5-9、图 5-10 所示。用户可选择"No"即弹出图 5-7 所示的对话框。读者也可省去这一步骤的实际操作，只需了解该操作流程即可，直接由打开"OP10die.df"再继续后续工艺步骤的操作。

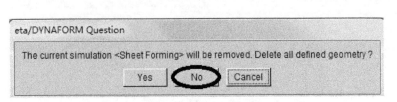

图 5-9 新建成形设置　　　　　图 5-10 新建设置对话框

5.2.2 定义板料零件"BLANK"

在如图 5-8 所示的"Sheet Forming"对话框中,单击"Blank"选项卡,单击"Define geometry"按钮,从弹出的"Blank generator"对话框中单击其中的"Outline"选项卡,选择如图 5-11 所示的"Select line"按钮,选择如图 5-12 所示的板料轮廓线。确认后返回如图 5-13 所示的"Blank generator"对话框。

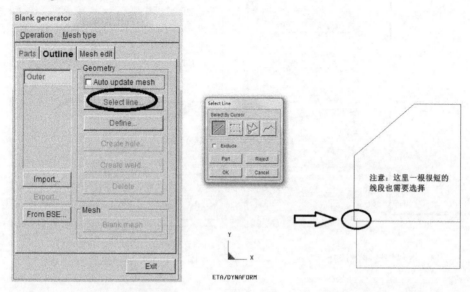

图 5-11 "Outline"选项卡　　　　图 5-12 板料轮廓线选择

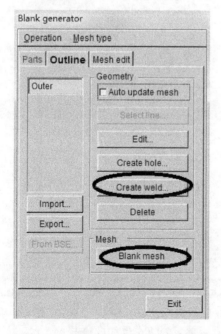

图 5-13 "Blank generator"对话框

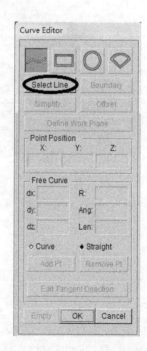

图 5-14 "Curver Editor"对话框

单击其中"Create weld…"按钮,弹出如图 5-14 所示的"Curver Editor"对话框。选择

如图 5-15 所示的直线。

单击如图 5-13 所示的"Blank mesh"按钮，设置单元尺寸"Element Size"为 10，单击"OK"按钮，如图 5-16 所示，划分好的板料如图 5-17 所示。

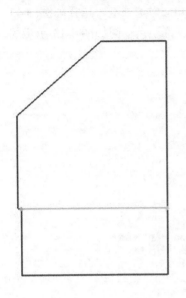 

图 5-15 板料焊缝线的选择

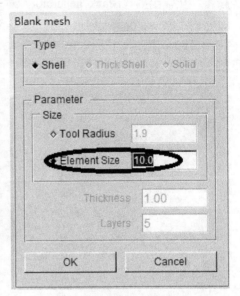

图 5-16 "Blank mesh"对话框

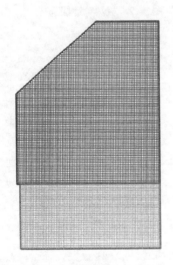 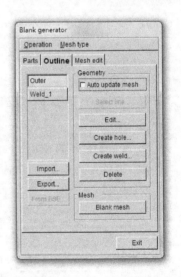

图 5-17 网格划分好的板料

在"Sheet Forming"对话框中，单击"DQSK"按钮，按照如图 5-18 所示设置相关材料参数，材料模型均选用 $36^{\#}$（请选择欧洲标准材料库中相应材料，如读者材料库中同时有 DC04-0.8mm 和 DC04 两种材料时，请读者选择后者。DC05 也如此选择）。

选择如图 5-18 所示的"Sheet Forming"对话框中的"Symmetry"后的"Define"按钮，按照如图 5-19 所示设置，完成板料对称属性设置。

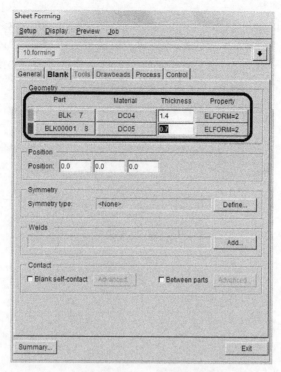

图 5-18　"Blank" 属性设置

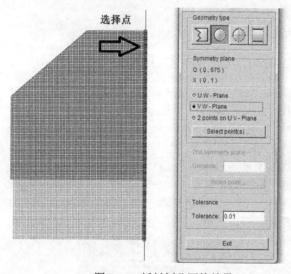

图 5-19　板料划分网格结果

5.2.3　定义凹模零件 "DIE"

由于凹模零件 "DIE" 在进行网格划分后出现了破损，重叠等网格缺陷。为了避免读者自行修补网格的繁琐操作，本例把对凹模的网格修补与检查后的正确文件以 "OP10die.df" 的名字进行保存。所以读者打开该文件时，"DIE" 已经定义完毕，并且保证网格完好。这里仅仅对如何定义 "DIE" 以及如何检查网格等基本流程进行讲解。在图 5-18 的 "Sheet Forming" 对话框中单击 "Tools" 选项卡中的 "die" 按钮，单击 "Define geometry" 按钮，如图 5-20

所示，即弹出"Tool Preparation(Sheet Forming)"对话框，单击"die"按钮，选择"Define tool"，点选"DIE"后，零件"DIE"呈黑色高亮显示，依次单击"OK"、"Exit"按钮，如图 5-21所示，退回"Tool Preparation(Sheet Forming)"对话框。完成零件"DIE"的定义。

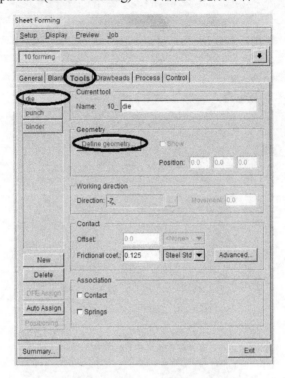

图 5-20　定义工具对话框

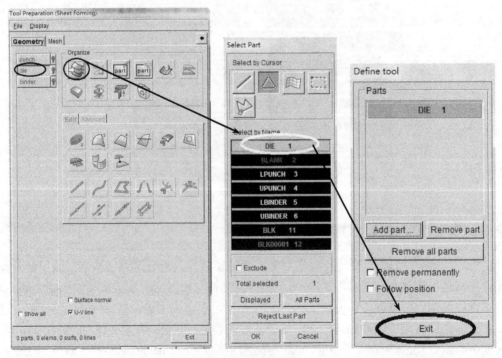

图 5-21　定义凹模

对凹模进行网格检查，在"Tool Preparation(Sheet Forming)"中单击 "Parts Turn On/Off"按钮，只打开"DIE"，单击"OK"按钮，单击"Tool Preparation(Sheet Forming)"中的 "Auto Plate Normal"按钮，弹出"CONTROL KEYS"对话框，单击其中的"CURSOR PICK PART"选项，选择零件"DIE"凸缘面，弹出如图 5-22 中所示的对话框，单击"YES"按钮确定法线的方向，法线方向的设置总是指向工具与坯料的接触面方向。单击"OK"按钮完成网格法线方向的检查。单击"Exit"按钮退出"CONTROL KEYS"对话框回到"Tool Preparation(Sheet Forming)"对话框。

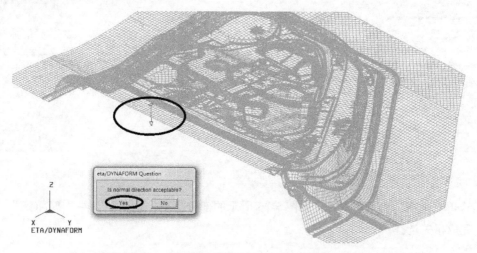

图 5-22　对零件"DIE"进行网格法线方向检查

单击 "Boundary Display"工具按钮，进行边界检查时，通常情况只允许零件的外轮廓边界呈高亮显示，其余部位均保持不变。如果其余部分的网格呈高亮显示，则说明在高亮显示部分的单元网格存有缺陷，须对有缺陷的网格进行相应的修补或重新进行单元网格划分。在观察零件"DIE"的边界线显示结果时，所得结果，如图 5-23 所示。完成边界检查后，若网格边界没有缺陷，可单击工具栏中的 "Clear Highlight"，将高亮显示部分清除。

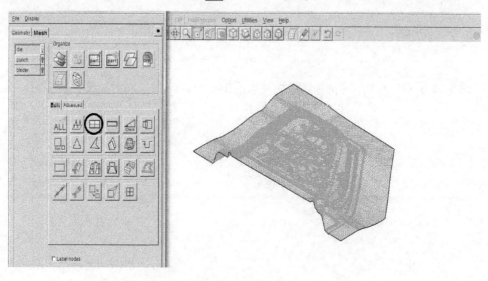

图 5-23　对零件"DIE"进行边界检查

5.2.4 定义凸模零件"PUNCH"

在"Tool Preparation(Sheet Forming)"的对话框中单击"punch"按钮，单击"Copy elements"按钮，弹出如图 5-24 所示对话框，勾选"Offset elements""Distance"填写 1.54，单击"Select…"按钮。

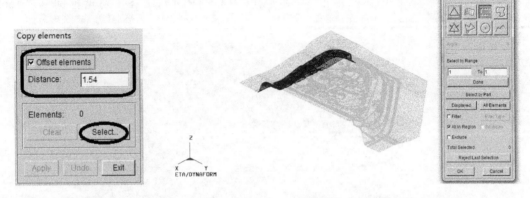

图 5-24 "Copy elements"对话框　　　　图 5-25 凸模零件"PUNCH"的选择示意

结合单元选择与矩形框选择，如图 5-25 所示的部分网格作为凸模零件"PUNCH"，单击"OK"完成相关选择。

图 5-26 "Offset"偏置方向示意

如图 5-26 所示，单击"Apply"接受箭头所指方向。凸模完成后如图 5-27 所示。

图 5-27 凸模零件"PUNCH"的完成定义

对凸模进行网格检查，在"Tool Preparation(Sheet Forming)"中单击　"Parts Turn On/Off"按钮，关闭"DIE"，打开"PUNCH"，单击"OK"按钮，单击"Tool Preparation(Sheet Forming)"中的　"Auto Plate Normal"按钮，弹出"CONTROL KEYS"对话框，单击其中的"CURSOR PICK PART"选项，选择零件"PUNCH"凸缘面，弹出如图5-28中所示的对话框，单击"Yes"按钮确定法线的方向（法线方向的设置总是指向工具与坯料的接触面方向）。单击"OK"按钮完成网格法线方向的检查。单击"Exit"按钮退出"CONTROL KEYS"对话框回到"Tool Preparation(Sheet Forming)"对话框，单击　"Boundary Display"工具按钮，进行边界检查，如图5-29所示。

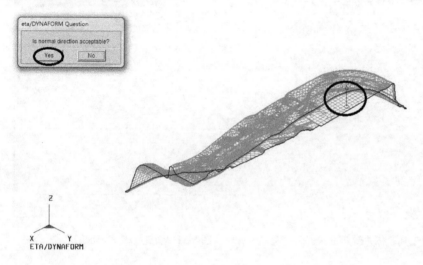

图5-28　对零件"PUNCH"进行网格法线方向检查

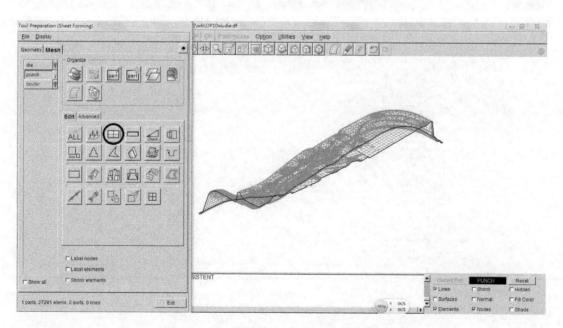

图5-29　对凸模零件"PUNCH"进行边界检查

完成凸模零件"PUNCH"的定义后，返回到"Sheet Forming"对话框中，并修改"PUNCH"

名称为"punch1",最后单击"New"按钮,如图 5-30 所示。新建零件名称为"punch2",单击"Apply"完成相关设置,如图 5-31 所示。

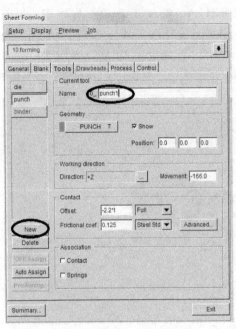

图 5-30　修改工具名称并新建工具

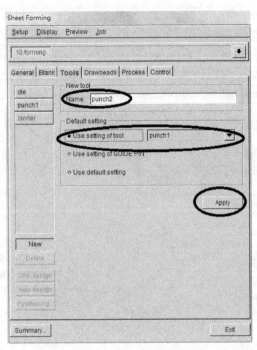

图 5-31　新建工具"punch2"

　　重复操作步骤,定义零件"punch2"。如图 5-32 所示。按照图 5-32 所示选择来定义"punch2",并进行法线方向以及网格检查,确认无误后即完成了凸模零件"PUNCH"的定义,如图 5-33 所示。此处需注意将"Offset elements"的距离调整为 0.77mm。

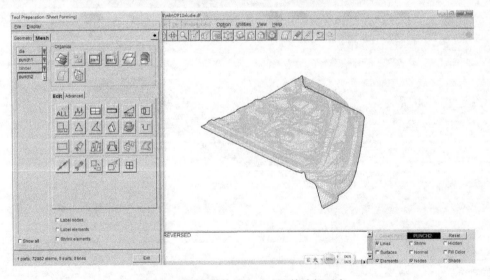

图 5-32　新建零件"punch2"的选择示意

　　由于采用"Offset"物理偏置方法得到的凸模零件"PUNCH"的部分单元网格有破损及重叠等网格缺陷,因此必须对凸模零件单元网格进行修补。在此省略修补网格的步骤,读者可以自行加以练习。本例中提供了已经经过修补后的完好的凸模零件网格划分模型，读者可直接打开"OP10punch.df"，就可得到具有正确网格的凸模零件"PUNCH"单元网格模型。

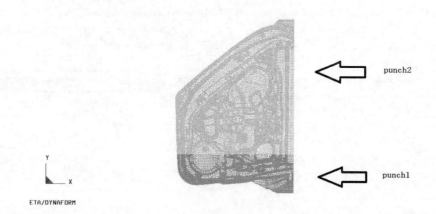

图 5-33　凸模零件"PUNCH"完成定义

5.2.5　定义压边圈零件"BINDER"

在"Tool Preparation(Sheet Forming)"的对话框中单击"binder"按钮，参考定义"DIE"的步骤，定义"BINDER"，直至退到"Tool Preparation(Sheet Forming)"对话框，完成零件"BINDER"的定义，如图 5-34 所示。

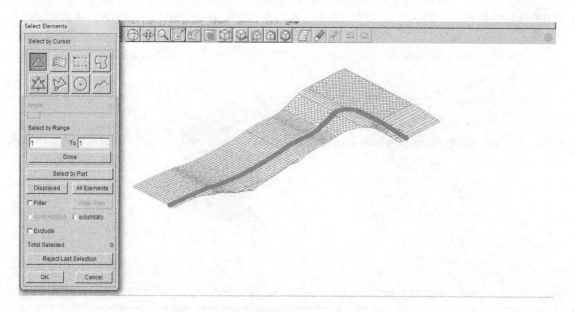

图 5-34　压边圈零件"BINDER"的选择示意

完成压边圈零件"BINDER"的零件定义后，回到"Sheet Forming"对话框，修改"BINDER"名称为"binder1"，并单击"New"按钮，如图 5-35 所示。新建零件名称为"binder2"，单击"Apply"如图 5-36 所示。

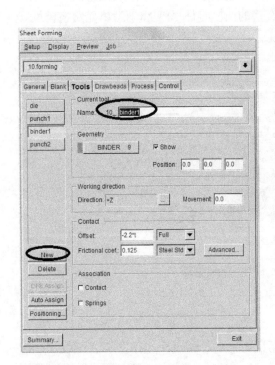

图 5-35 修改工具名称并新建工具

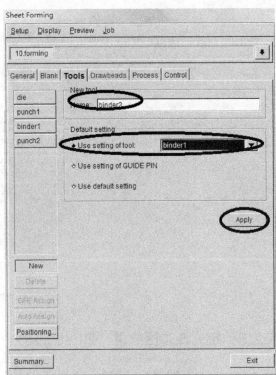

图 5-36 新建工具零件"binder2"

重复前述的相关操作步骤，并按照图 5-37 所示选择，定义"binder2"并进行法线方向等相关网格质量检查，确认无误后即完成压边圈零件"BINDER"的定义，如图 5-38 所示。

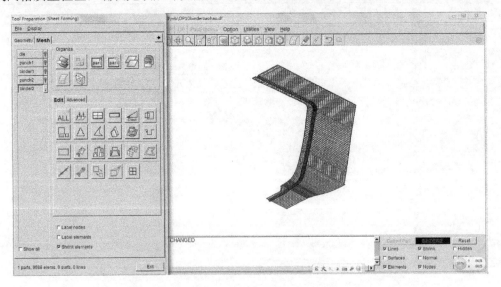

图 5-37 新建工具零件"binder2"的选择示意

由于同样是采用"Offset"物理偏置方法，所得到的压边圈零件"BINDER"的部分单元网格有破损及重叠等单元网格质量问题，必须进行必要的网格修补工作，此工作请读者自行加以练习。在此本实例中已经提供了修补好单元网格模型的压边圈零件"BINDER"网格模型，读者可直接打开"OP10binder.df"文件，就可得到具备良好网格质量的压边圈零件"BINDER"的单元网格模型。

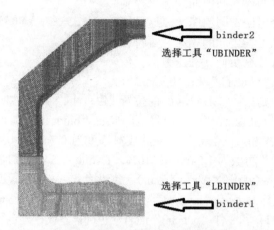

图 5-38　完成压边圈零件"BINDER"的定义

5.2.6　工模具初始定位设置

在"Sheet Forming"对话框中单击"Positioning…"按钮，如图 5-39 所示，弹出"Positioning"对话框，如图 5-40 所示。选择工具栏中的"Left View"按钮 来调整视角，设置成如图 5-40 所示的定位参数，此时将 BLANK 零件打开，并将"Surfaces"的勾去掉，如图 5-41 所示，完成了工模具初始定位设置。

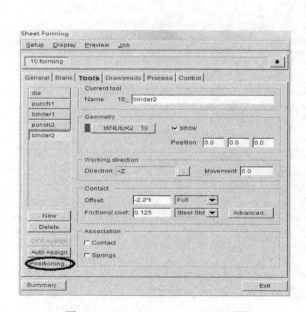

图 5-39　"Sheeting Forming"对话框

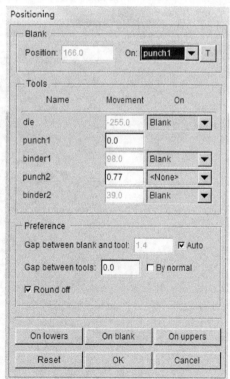

图 5-40　定位"Positioning"参数设置

注意：由于两部分的凸模零件单元模型均采用"Offset"物理偏置方法获得的，且偏置的距离是根据坯料的实际厚度计算而偏置了不同的距离，因此在进行零件定位时，只要保证两个凸模不相对运动，通过凹模和凸模的间隙来控制即可。但是不同用户可能会出现不同的情况，这里提供定位的另一种方法，保证工具之间的相对位置符合以下的原则。原则一：沿着 Z 轴负向（冲压方向）依次为"DIE"，"BLANK"，"binder1"和"binder2"，"punch1"和"punch2"。原则二："BLANK"的位置设定与图 5-34 所示一致，定位为 on "punch1"。原则三："binder1"和"punch1"对应的板料厚度为 1.4mm，"binder2"和"punch2"对应的板料厚度为 0.7mm。按照单边间隙 10% 来计算，当"DIE"和"binder1"间隙为 1.54mm（110%×1.4mm=1.54mm）时，需要保证"DIE"和"binder2"间隙为 0.77mm（110%×0.7=0.77mm）。建议读者在定位参数调整时，最好是在确定零件"binder1"合适的位置后，将零件"binder2"沿着 Z 轴正向并相对于"binder1"设置+0.77mm 距离。同样对于零件"punch1"和零件"punch2"而言，也同样建议在确定了零件"punch1"的合适位置后，将零件"punch2"沿着 Z 轴正向，相对于"punch1"设置+0.77mm 距离。

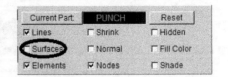

图 5-41 关闭"Surfaces"显示的操作示意

5.2.7 工模具拉深行程参数的设置

在如图 5-42 所示的"Sheet Forming"对话框中单击"Process"选项卡，单击"closing"按钮，按图 5-42 所示设置参数，再单击"drawing"按钮，进行如图 5-43 所示的相应参数设置。

注意：在"drawing"工序中，"binder1"和"binder2"的运动速度都设定为-1000mm/sec，由此就完成了拉深行程等工艺参数的设置。注：在如图 5-42 所示的"Sheet Forming"对话框中单击"Control"对话框，勾选"Refining meshes"，网格细划分等级选 4 级，采用系统所推荐的时间步长即可。

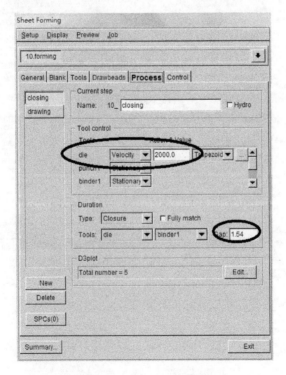

图 5-42 "closing"参数设置

如果工模具的定位出现问题，读者可直接打开资料"OP10end.df"文件，该 df 文件已经将工模具的定位设置好了，读者可参考文件中的定位参数进行相关工模具定位参数的设置。

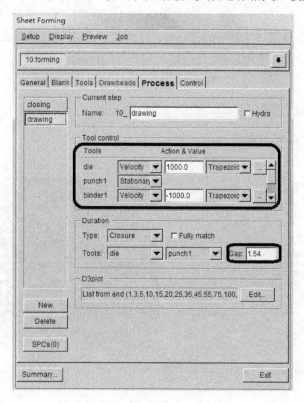

图 5-43 拉深行程相关参数的设置

5.2.8 工模具运动规律的动画模拟演示

在如图 5-43 所示"Sheet Forming"对话框中单击菜单栏"Preview/Animation"命令，弹出对话框，如图 5-44 所示，调整滑块"Frames/Second"适宜的数值，单击"Play"按钮，进行动画模拟演示。通过观察动画，可以判断工模具运动设置是否正确合理。单击"Stop"按钮结束动画，返回"Sheet Forming"对话框。

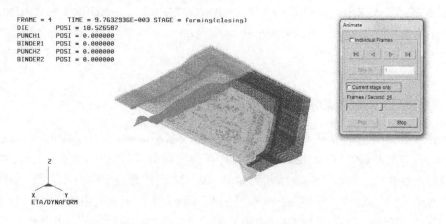

图 5-44 动画模拟演示设置

5.2.9 提交 LS-DYNA 进行求解计算

在提交求解器进行运算分析前,最好先保存已经设置好的"df"格式文件。然后单击"Sheet Forming"对话框中的菜单栏"Job/Job submitter"命令,即弹出"Submit job"对话框,如图 5-45 所示。单击"Submit"按钮提交任务给 LS-DYNA 求解器开始计算,如图 5-46 所示,等待运算完成后,可在后处理模块中观察整个实例的计算机模拟试验结果。

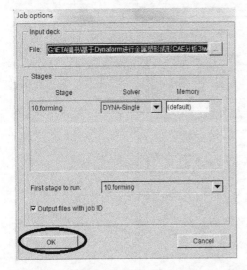

图 5-45 提交任务给 ls-dyna 求解器进行运算的设置　　图 5-46 提交 LS-DYNA 进行求解运算

5.3 利用 eta/post 进行后处理分析

5.3.1 观察成形零件的变形过程

完成分析运算后,在 DYNAFORM5.9 软件中单击菜单栏中的"Post Process/eta post"命令,进入后处理程序。在菜单中选择"File/Open"命令,浏览保存结果文件目录,选择"xxxx.d3plot"文件单击"Open"按钮,读入结果文件。为了重点观察零件"BLANK"的成形状况,单击 "Turn Parts On/Off"按钮,关闭零件"DIE"、"BINDER"和"PUNCH",只打开"BLANK",并要"Frame"下拉列表框中选择"All Frames"选项,然后单击 ▶ "Play"按钮,以动画形式显示整个变形过程,单击"End"按钮结束动画。也可选择"Single Frame",对过程单个时间步的变形状况进行观察,如图 5-47 所示。

5.3.2 观察成形零件的成形极限图及厚度分布云图

单击如图 5-48 所示各种按钮可观察不同的零件成形状况,例如单击其中的 "Forming Limit Diagram"按钮和 "Thickness"按钮,即可分别观察成形过程中零件"BLANK"的成形极限及厚度变化情况,如图 5-49 所示为零件"BLANK"的厚度变化分布云图,如图 5-50 所示为零件"BLANK"的成形极限图。同样可在"Frame"下拉列表框中选择"All Frames",然后单击 ▶ "Play"按钮,以动画模拟方式演示整个零件的成形过程,也可选择"Single

Frame",对过程中的某时间步进行观察,根据计算数据分析成形结果是否满足工艺要求。

图 5-47　设置观察变形过程

图 5-48　成形过程控制工具按钮

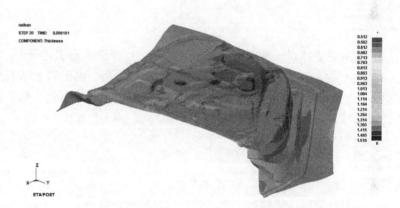

图 5-49　零件"BLANK"板料厚度变化分布云图

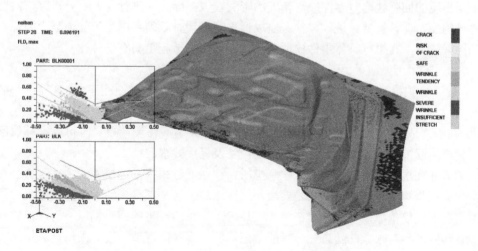

图 5-50　零件"BLANK"的成形极限图

电器 U 形卡头零件
弯曲成形及回弹模拟

本章主要针对一种电器电路卡头零件进行弯曲成形工艺分析。该零件属于 U 形弯曲零件，涉及的成形工艺主要包含弯曲成形及回弹分析。由于 U 形零件进行弯曲成形过程中不可避免会回弹，回弹缺陷对弯曲零件的成形性影响很大，因此本章主要将进行 U 形零件的弯曲成形模拟及回弹分析。

6.1 回弹

回弹是板料冲压成形中，尤其是在板料弯曲成形中不可避免的一种工艺缺陷，是在金属板料进行弯曲成形中普遍存在的现象。它主要是由卸载过程中应力重新分布引起的。板料弯曲成形后出现的回弹缺陷对零件成形精度的影响较大，因此在进行 CAE 分析时，对回弹进行精确预测显得非常重要。进行零件弯曲成形工艺设计时必须考虑尽可能地减少回弹。影响回弹的因素较多，在进行具体零件成形时，减少回弹的措施主要有三种：

① 选材时尽可能地采用弹性模量 E 较大的材料；

② 设计修正模具，对产生回弹的零件，可通过采用修正模来消除回弹对零件成形的影响；

③ 在进行成形中预测出回弹的趋势以及回弹量大小，在设计模具时可通过补偿回弹量的方式使产生回弹后的零件符合零件成形的尺寸及精度要求。

目前企业在进行实际冲压成形工艺考虑时，往往通过采用上述措施①和②种办法来减少回弹，但无论是更换零件材料，还是要增加修正工序，这些都带来很大的生产成本。同时，在多数情况下仅仅依靠以往的经验在模具设计时，对可能产生的回弹加以补偿，但这样组织模具设计和生产具有很大的随意性，可能会破坏整个零件的制造精度。采用计算机 CAE 分析，预测板料回弹趋势及回弹大小，减少生产环节的成本是现代模具生产和冲压工艺发展的必然趋势。目前采用有限元方法计算回弹得到了广泛的应用，并被引入到几乎所有的板料冲压成形 CAE 分析软件中，如：DYNAFORM、LS-DYNA、AUTOFORM 等。

在 DYNAFORM5.9 软件中进行弯曲回弹分析一般有两种方法：第一种方法称为 Dynain

方法；第二种方法称为无缝转接法（Seamless）。Dynain 方法一般分为两个步骤：首先在零件的成形阶段采用有限元显式算法进行求解，得到具体零件的成形结果，然后把计算的结果（Dynain 文件）导入到软件中，设置回弹分析模型并采用有限元隐式算法进行回弹计算，也可以采用两步的计算步骤；无缝转接法是在第一步进行成形分析时设置 Seamless（无缝转接），意思就是在完成成形计算后，自动将计算结果导入到软件中，求解器自动进行回弹计算。以上两种方法虽然在软件的实际操作中有所不同，但实质是相同的。

本次进行电器 U 形卡头零件的弯曲成形及回弹分析，主要采用的是第一种方法——Dynain 方法进行涉及的回弹分析及计算。通过数值分析方法不仅可以直观的了解零件在弯曲成形后发生的回弹趋势，也可以直接进行回弹量的预测，对指导实际生产和模具设计工作有很大帮助。

6.2　导入模型编辑零件名称

启动 DYNAFORM 后，选择菜单栏"File/Import"命令，导入两个文件"UXJ_BLANK.igs"和"UXJ_DIE.igs"。导入这两个文件后，选择"Parts/Edit"菜单项，编辑修改各零件层的名称，完成后观察模型显示，如图 6-1 所示。

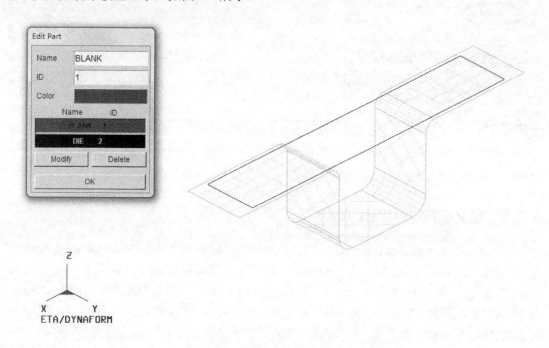

图 6-1　导入"*.igs"文件后的模型示意图

6.3　自动设置

6.3.1　初始设置

在 DYNAFORM 软件的菜单栏中选择"AutoSetup/Sheet Forming"命令，弹出"New Sheet

Forming"对话框。根据如图 6-2 所示，进行初始设置，完成后单击"OK"按钮，弹出如图 6-3 所示的"Sheet Forming"对话框，进入"General"页面后，将标题"Title"改成"UXJ"。

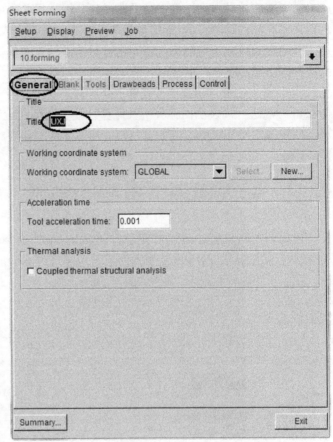

图 6-2 "New Sheet Forming"对话框设置　　　图 6-3 "Sheet Forming"对话框

6.3.2 定义板料零件"BLANK"

在如图 6-3 所示的"Sheet Forming"对话框中，单击"Blank"选项卡，单击"Define geometry"按钮，弹出如图 6-4 所示的"Blank generator"对话框，单击其中"Outline"选项卡，单击"Select line"弹出图 6-5 所示的"Select Part"对话框，选择"BLANK"，单击"OK"按钮，退出"Select Part"对话框，返回"Blank generator"对话框，单击其中"Blank mesh"按钮，弹出图 6-6 所示的"Blank mesh"对话框，类型选择"Shell"，设置单元尺寸"Element Size"为 4，单击"OK"按钮，弹出如图 6-7 所示的"DYNAFORM Question"对话框，单击"OK"按钮，返回到"Blank mesh"对话框，单击 OK 按钮，返回"Blank generator"对话框，单击其中"Mesh edit"菜单的 ▦ "Boundary Display"工具按钮，进行单元网格轮廓边界检查，如图 6-8 所示。若经过检查后无缺陷，则单击工具栏中的 ✐ "Clear Highlight"，将零件外轮廓边界的黑色高亮部分清除。单击"Exit"按钮，返回到"Sheet Forming"对话框。

单击"Material"中的"BLANKMAT"按钮，弹出"Material"对话框，如图 6-9 所示，单击"NEW"按钮，在下拉菜单栏中选择"37*MAT_TRANSVERSELY_ANISOTROPIC_

ELASTIC_PLASTIC"选项，即弹出如图 6-10 所示材料参数对话框，设置新材料 08 钢的力学性能参数，如图 6-11 所示。修改完后单击"OK"按钮，完成板料零件"BLANK"的定义。如图 6-12 所示，完成了板坯材料的属性定义（注："Property"选择 16 号四点积分单元）。

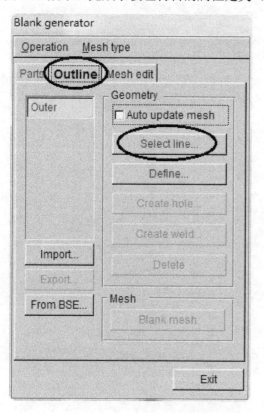

图 6-4 "Blank generator" 对话框

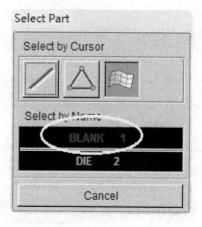

图 6-5 "Select Part" 对话框

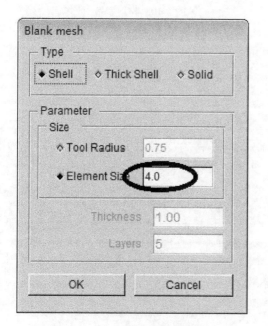

图 6-6 "Blank mesh" 对话框

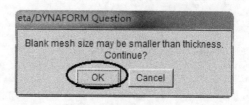

图 6-7 "DYNAFORM Question" 对话框

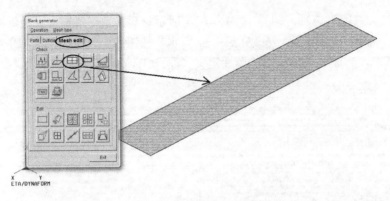

图 6-8　对零件"BLANK"进行网格检查

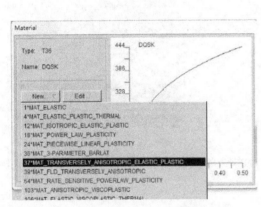

图 6-9　"Material"对话框

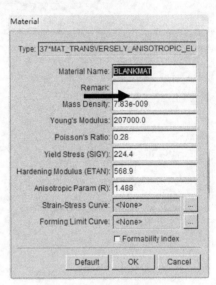

图 6-10　材料参数对话框

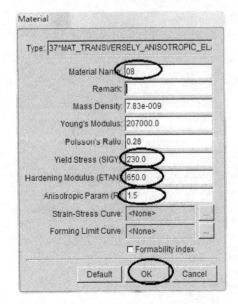

图 6-11　修改后的 08 钢材料力学性能参数

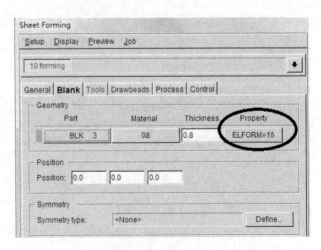

图 6-12　定义板坯材料的属性后的对话框

6.3.3　定义凹模零件"DIE"

在图 6-12 的"Sheet Forming"对话框中单击"Tools"选项卡中的"die"按钮，单击"Define geometry"按钮，如图 6-13 所示，即弹出"Tool Preparation(Sheet Forming)"对话框，单击"die"按钮，选择"Define Tool"，点选"DIE"后，零件"DIE"呈黑色高亮显示，依次单击"OK"、"Exit"按钮，如图 6-14 所示，退回"Tool Preparation(Sheet Forming)"对话框。单击"Sheet Forming"对话框中的"Mesh"按钮，然后选择 "Surface Mesh"按钮，弹出"Surface Mesh"对话框，设置参数(建立的最大网格尺寸为 8mm，其他网格尺寸参照图示)，在新的对话框中依次单击"Apply"按钮、"Yes"按钮、"Exit"按钮退回到"Tool Preparation(Sheet Forming)"对话框，如图 6-15 所示。完成零件"DIE"的定义。

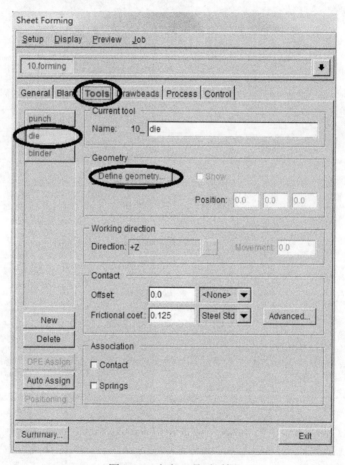

图 6-13　定义工具对话框

对凹模进行网格检查，在"Tool Preparation(Sheet Forming)"中单击 "Parts Turn On/ Off"按钮，关闭"BLANK"，打开"DIE"，单击"OK"按钮，单击"Tool Preparation(Sheet Forming)"中的 "Auto Plate Normal"按钮，弹出"CONTROL KEYS"对话框，单击其中的"CURSOR PICK PART"选项，选择零件"DIE"面上一点，弹出如图 6-16 中所示的对话框，单击"YES"按钮确定法线的方向（法线方向的设置总是指向工具与坯料的接触面方向）。单击"OK"按钮完成网格法线方向的检查。单击"Exit"按钮退出"CONTROL KEYS"对话框回到"Tool Preparation(Sheet Forming)"对话框。

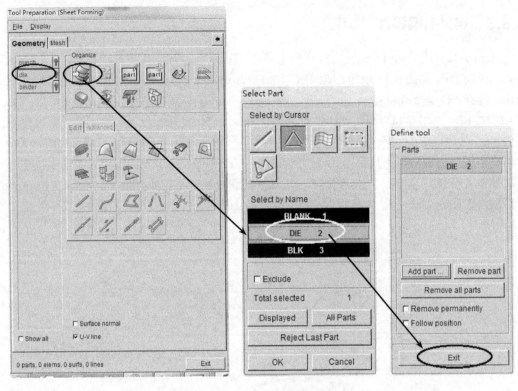

图 6-14　定义凹模

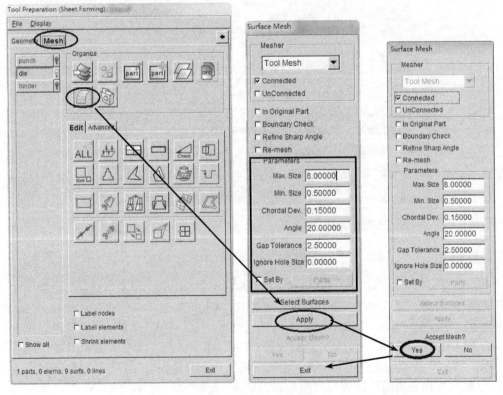

图 6-15　凹模划分网格

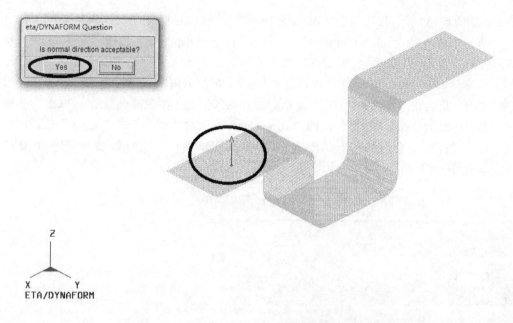

图6-16 对零件"DIE"进行网格法线方向检查

单击 ⊞ "Boundary Display"工具按钮，进行边界检查时，通常只允许零件的外轮廓边界呈高亮显示，其余部位均保持不变。如果其余部分的网格有高亮显示，则说明在高亮处的单元网格有缺陷，须对有缺陷的网格进行相应的修补或重新进行单元网格划分。在观察零件"DIE"的边界线显示结果时，所得结果如图6-17所示。完成边界检查后，若网格边界没有缺陷，可单击工具栏中的 ✐ "Clear Highlight"，将高亮部分清除。

图6-17 对零件"DIE"进行边界检查

6.3.4 定义凸模零件"PUNCH"

在"Tool Preparation(Sheet Forming)"的对话框中单击"punch"按钮，再单击 "Copy

Elem…"如图 6-18 所示,按钮弹出"Copy elements"对话框,如图 6-19 所示,单击其中"Select…"按钮,弹出如图 6-20 "Select Elements" 对话框,单击 "Displayed" 按钮,零件 "DIE" 呈黑色高亮显示,此时可将零件 "BLANK" 处于关闭状态,只显示零件 "DIE",以便进行观察与操作,单击 △ "Spread" 按钮,并调整 "Angle" 滑块数值为 1,勾选 "Exclude",单击零件 "DIE" 凸缘面,使零件 "DIE" 除凸缘面外的部位处于黑色高亮显示, "OK" 按钮,退出 "Select Elements" 对话框,返回 "Copy elements" 对话框,单击 "Apply" 按钮,依次单击 "Exit" 按钮,直至退到 "Tool Preparation(Sheet Forming)" 对话框,完成零件 "PUNCH" 的定义,如图 6-21 所示。

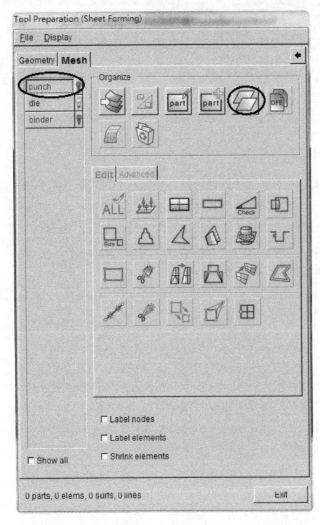

图6-18 定义凸模

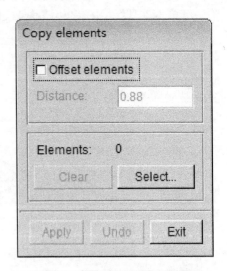

图6-19 "Copy elements" 对话框

对凸模进行网格检查,在 "Tool Preparation(Sheet Forming)" 中单击 "Parts Turn On/Off" 按钮,关闭 "DIE",打开 "PUNCH",单击 "OK" 按钮,单击 "Tool Preparation(Sheet Forming)" 中的 "Auto Plate Normal" 按钮,弹出 "CONTROL KEYS" 对话框,单击其中的 "CURSOR PICK PART" 选项,选择零件 "PUNCH" 凸缘面,弹出如图 6-22 中所示的对话框,单击 "Yes" 按钮确定法线的方向(法线方向的设置总是指向工具与坯料的接触面方

向）。单击"OK"按钮完成网格法线方向的检查。单击"Exit"按钮退出"CONTROL KEYS"对话框回到"Tool Preparation(Sheet Forming)"对话框，单击⊞"Boundary Display"工具按钮，进行边界检查,如图 6-23 所示，经过检查后无缺陷，则单击工具栏中的✐"Clear Highlight"，将零件外轮廓边界的高亮部分清除。

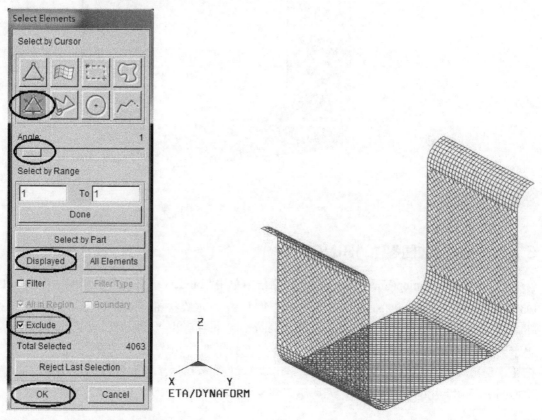

图 6-20　"Select Element"对话框　　　　　图 6-21　零件"PUNCH"的模型

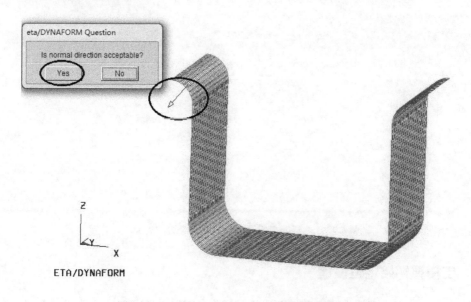

图 6-22　对零件"PUNCH"进行网格法线方向检查

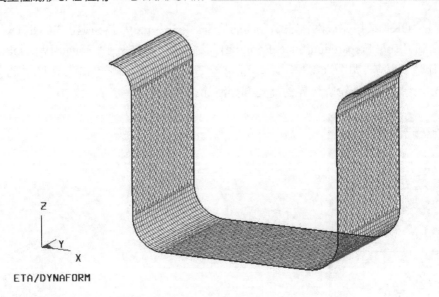

图 6-23　对零件"PUNCH"进行边界检查

6.3.5　定义压边圈零件"BINDER"

在"Tool Preparation(Sheet Forming)"对话框中单击"binder"按钮，单击 "Turn Parts On/ Off"按钮，关闭"PUNCH"，打开"DIE"，单击"OK"按钮。单击"Copy Elem…"按钮，弹出"Copy elements"对话框，单击"select…"按钮弹出"Select Elements"对话框，单击按钮 "Spread"，调整滑块数值为 1，单击选择零件"DIE"的两个凸缘边，单击"OK"按钮，退出"Select Elements"对话框，单击"Apply"按钮后，依次单击"Exit"按钮，直至返回"Sheet Forming"对话框，完成压边圈零件"BINDER"的定义，如图 6-24 所示。

图 6-24　选择凹模零件"DIE"凸缘边的单元

6.3.6　工模具初始定位设置

在进行工模具初始定位设置之前，先调整各零件的冲压方向。当前工具切换到"punch"，在左边的工具列表中选择"punch"，然后在界面上单击按钮"Working Direction" ，设置为如图 6-25 所示，冲压方向向下，单击"OK"按钮。

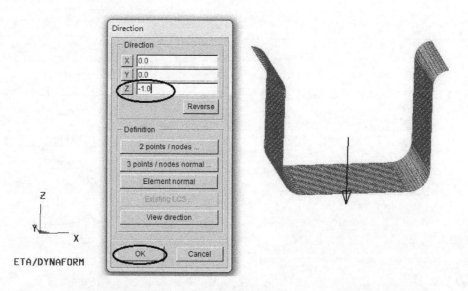

图 6-25　调整凸模冲压方向

重复此步骤进行压边圈的运动方向设置，将零件"BINDER"的"Z"方向数值设置为"-1.0"，其余参数采用系统缺省设置。即完成了零件的运动方向设置工作。

单击"Sheet Forming"对话框左下角的 "Positioning…"按钮进入"Positioning"对话框。在"Blank"栏的"On："下拉菜单中点选"die"零件作为自动定位的参考基准工具，即凹模零件"DIE"固定不动。勾选"On Blank"复选框，对所有的工具和板坯进行自动初始定位设置，单击"OK"按钮，工模具将进行自动初始定位，如图 6-26 所示。

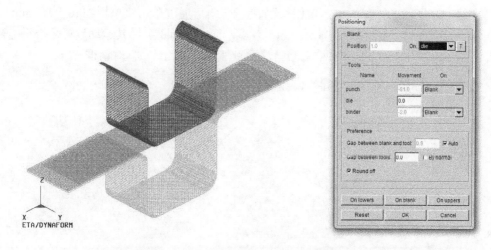

图 6-26　自动初始定位后的工模具模型

6.3.7　工模具拉深工艺参数设置

在"Sheet Forming"对话框中单击"Process"选项卡，由于当前选择为"Double Action"

成形，系统默认产生两个工序，一个合模压边工序"closing"，另外一个是拉深工序"drawing"。分别单击工序"closing"和"drawing"按钮，其中参数设置，如图 6-27 和图 6-28 所示。

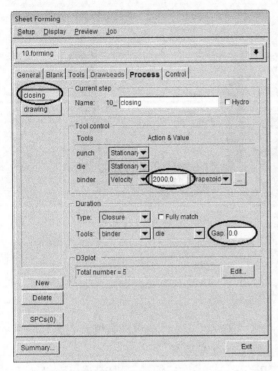

图 6-27　设置"closing"对话框

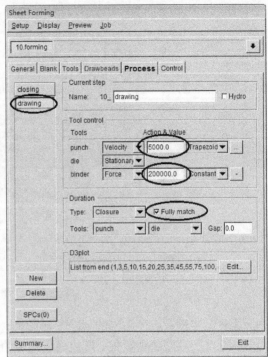

图 6-28　设置"drawing"对话框

6.3.8　工模具运动规律的动画模拟演示

如图 6-29 所示，在基本的拉深工序设置完成后，可通过单击菜单栏"Preview/Animation"命令，进行工模具运动动画模拟演示。通过观察动画，可判断工模具运动设置是否正确合理。确认无误后，单击"Stop"按钮结束动画，返回"Sheet Forming"对话框。

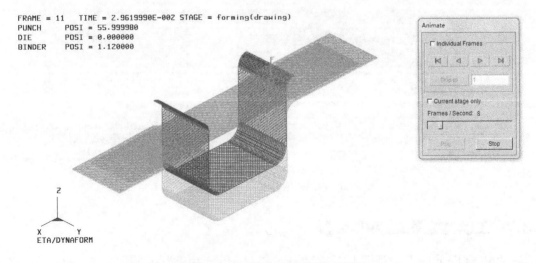

图 6-29　工模具运动动画模拟演示

6.3.9　提交 LS-DYNA 进行求解计算

在提交计算前，先保存已经设置好的文件。再选择菜单栏的"Job/Job Submitter…"命令。将弹出"Job options"对话框，如图 6-30 所示，单击对话框中的"OK"按钮，提交任务进行计算，如图 6-31 所示。

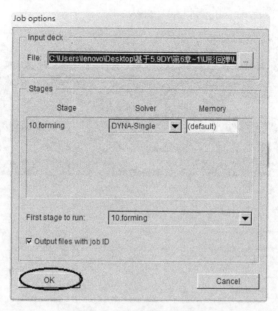

图 6-30　任务提交对话框

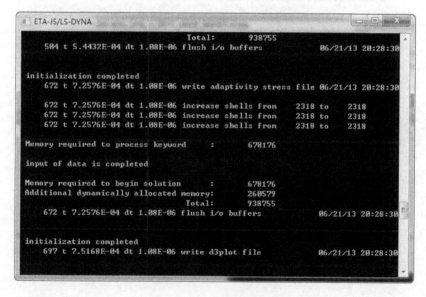

图 6-31　进行计算对话框

6.4 | 回弹设置

重新启动 DYNAFORM 后选择"QuickSetup/Spring back"命令，弹出"Quick Setup/Spring back"对话框，如图 6-32 所示。单击"Blank"按钮，弹出"Blank generator"对话框，单击"Import elem…"，在下拉菜单中选择文件类型为 DYNAIN(*dynain*)，选择上一步中的文件，如图 6-33 所示，材料的参数性能同本章中的 6.3.2 节一样，单击"Constraint"在零件"BLANK"上选取三个点来设置约束。如图 6-34 所示。其他设置，例如求解分析等均采用系统缺省设置。设置完成后如图 6-35 所示，然后单击"File/Save as"命令，保存零件"UXJ-ST.df"。将建立的新数据库文件保存在自己设立的新目录文件中。

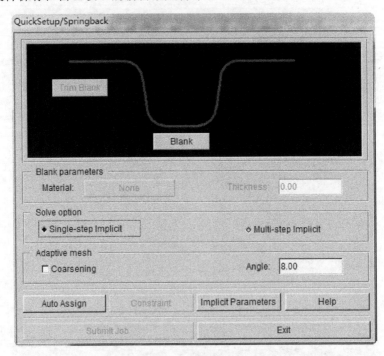

图 6-32　回弹设置对话框

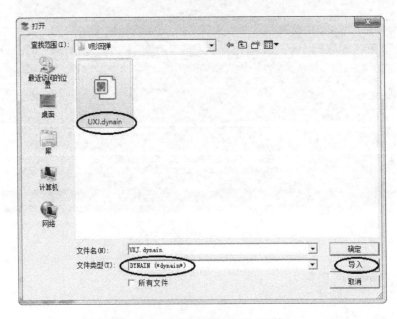

图 6-33　回弹分析模型导入对话框

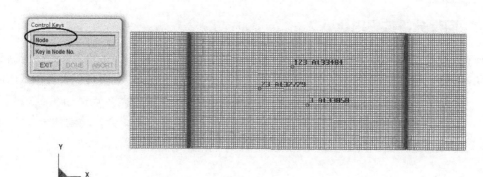

图 6-34　选取约束节点

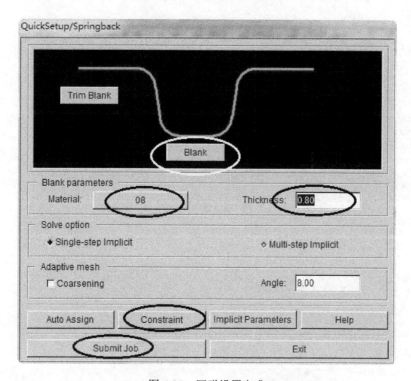

图 6-35　回弹设置完成

6.5 利用 ETA/Post 进行后处理分析

6.5.1　在后置处理器中读取 d3plot 文件

单击菜单栏中的"Post Process/eta/Post"命令，进入 DYNAFORM 后处理程序。在菜单中选择"File/Open"菜单项，浏览保存结果文件目录，选择"UXJ-ST.d3plot"文件，单击"Open"按钮，读入结果文件。分别可以单击两帧查看变化，第一帧为未产生回弹的成形结果，第二帧为产生回弹后的成形结果。

6.5.2 回弹分析结果对比

为了直观地观察和分析 U 形件回弹，在零件上选取一条截面线。选择"Tool/Section Cut"菜单项，在弹出的"Section Cut"工具栏上单击"Define Cut Plane"工具按钮，弹出"Control Option"对话框。选择"W along+X Axis"选项，在零件上的选择两个点，如图 6-36 所示。单击"Exit"按钮，在弹出的控制选项中单击"Accept"按钮，系统会自动创建一条截面线，如图 6-37 所示。单击"Apply"按钮，观察到零件该截面处发生了明显回弹。

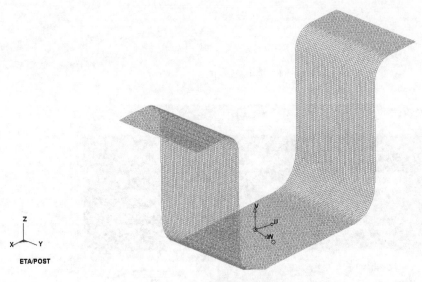

图 6-36 选择两个点

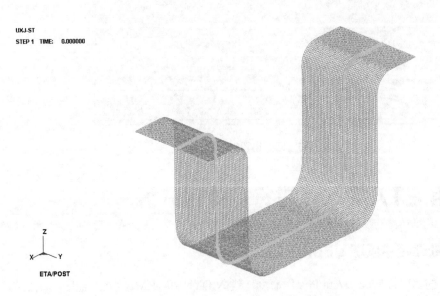

图 6-37 生成的截面线

单击 "X-Z View" 按钮，观察所设定的截面线，并需获得具体的回弹数据。利用后处理中的测量工具测量回弹前后的尺寸，单击工具栏图标 "Distans between two nodes and two points"和 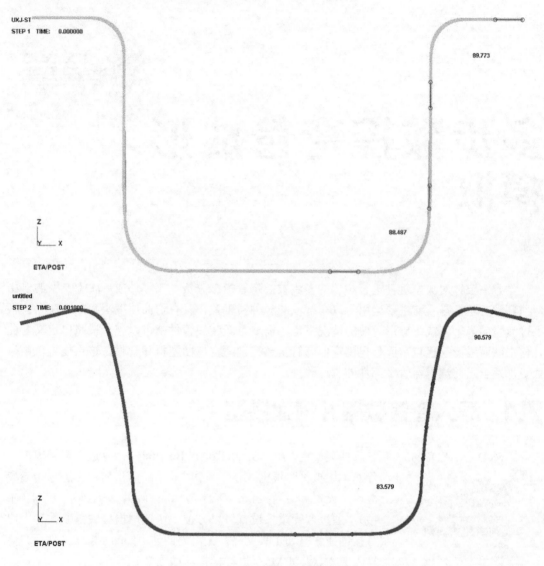 "Radius between the three nodes"，可分别测量回弹前后的零件尺寸，对回弹前后零件进行定量分析。回弹前后的成形零件，如图 6-38 所示。

图 6-38　回弹前后的成形零件

注意：这章涉及了单元方程，材料模型以及积分点的选取，在此总结一下这些参数的选取原则：DYNAFORM 使用较多的单元方程是 2 号 BT 壳单元方程以及 16 号全积分单元方程，两种单元方程的优点缺点在第一章里有详细的介绍，2 号计算速度快，但是对于回弹不适用，16 号计算速度慢，但是由于采用全积分，结果精确，适用于回弹计算。对于 BT 壳单元来说，适合冲压等弹塑性变形，计算准确，速度快，采用默认的两个积分点就可以了，读者可以采用默认值。但是对于回弹计算，建议读者选择 16 号单元方程，并且修改为面内 7 点积分，不然将无法捕捉到合适的应力分布状态。

>>>>>>>>

第❼章

多步数控弯管成形模拟

本章主要针对典型管件进行相应的多步数控弯管模拟分析。该零件成形属于典型的自由弯曲弯管工艺，是目前主要运用于汽车行业的一种新工艺，具有弯曲速度快和即使在只有很少过渡量的多个弯或螺旋形弯曲的情况下也不需要重新装夹管件就可以完全按照自定义弯曲几何形状而成形等优点，而且自由弯曲弯管工艺特别适合弯曲型材和管材，这也使得自由弯曲更加适合当前汽车弯管零部件的制造。

7.1 导入弯管数据并创建模型　　　　　<<<

启动 DYNAFORM5.9 后，选择菜单栏"AutoSetup/Rotary Bending"命令进入弯管模拟设置，本模拟试验根据 DYNAFORM 系统默认的单位进行相应参数单位设置，即为：mm（毫米），ton（吨），sec（秒）和 N（牛顿）。通过弯管模拟设置可以方便、快速地根据关键参数为用户直接创建管材和工具网格，无需先创建"*.igs"格式文件后，再导入 DYNAFORM5.9 进行模拟。如图 7-1 所示。

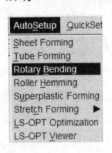

图 7-1 "Rotary Bending"菜单

选择"Rotary Bending"命令后，弹出"New Rotary Bending"对话框，如图 7-2 所示。该对话框会提示用户自定义基本的工艺参数、管坯网格参数和工具网格参数等，并由此直接创建带有网格的工模具有限元分析模型，省去了大量的建模时间。

单击"Import"按钮，导入"bending.csv"文件，如图 7-3 所示。导入后回到"New Rotary Bending"对话框，如图 7-4 所示。弯曲参数以 Feed(S)弯曲方向进给量、Rotate(A) 弯曲方向旋转角度、Radius(R)弯曲半径以及 Bend(B)弯曲角度 4 个参数为成形工艺控制点以控制管材的弯曲成形。

单击"Tube"选项卡，修改默认的参数值，如图 7-5 所示。并单击"Create"创建带有网格的"Tube"模型。由"New Rotary Bending"对话框所示的参数可知创建的"Tube"零件："Outer diameter"（管外径）为 100mm，"Full length"（管件全长）为 1700mm，"Thickness"

（管壁厚度）为 3mm，"Element size"（最大网格尺寸）为 10mm。创建好的"Tube"零件，如图 7-6 所示。

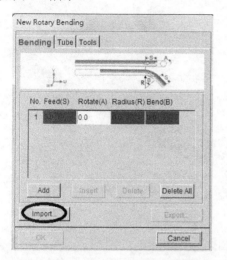

图 7-2　"New Rotary Bending"对话框（一）

图 7-3　导入工艺参数

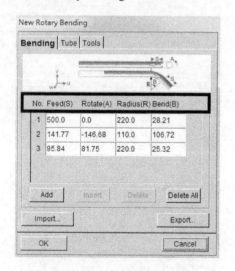

图 7-4　"New Rotary Bending"对话框（二）

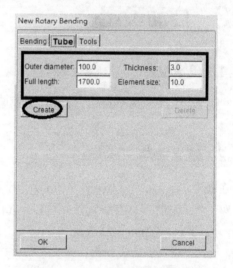

图 7-5　"Tube"网格参数设置对话框

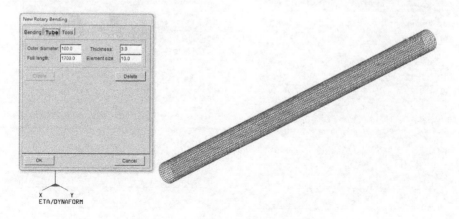

图 7-6　创建好的"Tube"模型

单击"Tools"选项卡，修改默认的工模具几何参数值如图 7-7 所示，并单击"Create"创建"Tools"网格模型，再单击"OK"按钮进入"Rotary Bending"对话框。创建好的"Tools"工模具和"Tube"管件的网格模型，如图 7-8 所示。

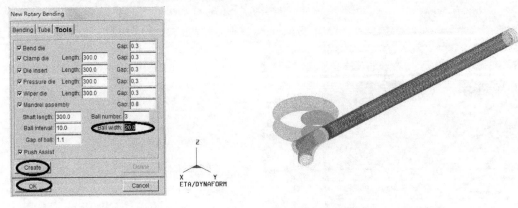

图 7-7　工模具几何参数值　　　　　　图 7-8　创建之后的管件和工具模型

7.2 自动设置

7.2.1 初始设置

在进入"Rotary Bending"设置对话框后，修改"Title"为"Rotary Bending"，如图 7-9 所示。

7.2.2 定义管件"Tube"

在如图 7-9 所示的"Rotary Bending"设置对话框中单击"Tube"选项卡，切换到"Tube"定义对话框，选择零件及设置管件材料，如图 7-10 所示。由于之前已经创建了"Tube"网格模型，因此管件"Tube"将被自动定义。

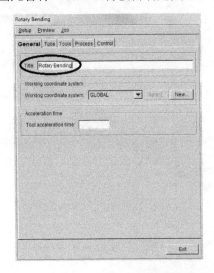
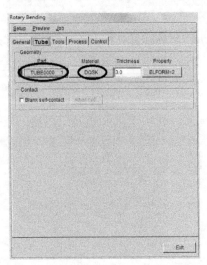

图 7-9　"Rotary Bending"设置对话框　　　图 7-10　管坯零件"Tube"定义对话框

　　单击图 7-10 中所示的材料"DQSK"按钮，将弹出"Material"对话框，如图 7-11 所示。单击材料库"Material Library"按钮，按照如图 7-12 所示进行管件材料选择[本实例中管件采用的材料为钢材，牌号为 DQSK（36），36#材料模型]，单击"OK"按钮，进入如图 7-13 所示的"Material"对话框，该对话框显示出：材料类型为"T36"，材料名称为"HRDQSK"的材料应力/应变曲线，单击"OK"按钮，完成板料零件"Tube"的定义。

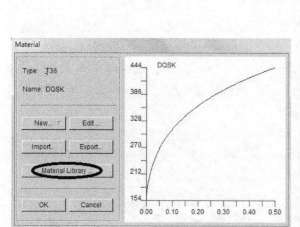

图 7-11　"Material"对话框

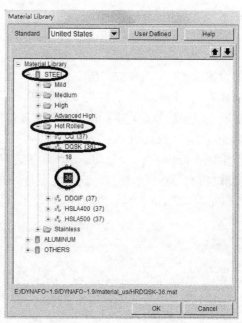

图 7-12　材料的选择设置

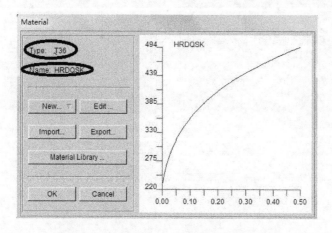

图 7-13　T36/HRDQSK 材料的应力/应变曲线

　　如果进行模拟时，所需要的材料在软件材料库中找不到时，用户可以根据所具备的材料参数等自行进行材料参数设置和选择合适的材料模型进行模拟实验，也可以在材料库中选定相对应的材料牌号进行相关材料参数自行设置及编辑，但需要注意的是，材料模型中的材料力学参数设置必须有可靠的材料性能测试试验数据或来源保证，否则将直接影响模拟试验的结果及试验可靠性。

7.2.3 定义管坯工具 "Tools"

在如图 7-10 所示的"Rotary Bending"设置对话框中单击"Tools"选项卡，切换到"Tool"定义对话框，如图 7-14 所示。由于之前已经创建了带有网格的"Tools"模型，"Tools"被自动定义了。

7.2.4 工模具弯曲工艺参数设置

在如图 7-14 所示的"Rotary Bending"设置对话框中单击"Process"选项卡进入工艺参数设置界面，修改参数如图 7-15 所示。用户在新建弯管模拟输入工艺参数时会被软件系统自动计算出"Process"的相关工艺参数，且这些工艺参数能保证普通弯管成形要求，因此一般情况下不需要修改。主要的成形工艺控制参数："bend die（弯模）"沿 W 轴的逆时针角速度为 500°/s；"pressure die（压模）"沿-V 的力，默认大小为"pressure die"在 UW 平面的投影面积乘以 3N/mm；"pressure die"沿+U 的速度，默认大小与"bend die"的线速度一致；"push assist（助推模）"沿+U 的速度，默认大小与"bend die"的线速度一致；"wiper die（防皱模）"和"mandrel（芯棒）"保持静止。

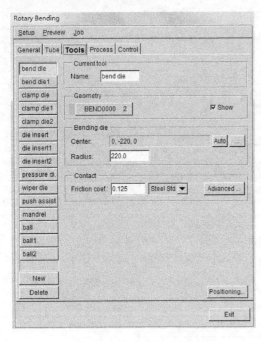

图 7-14 定义工具对话框

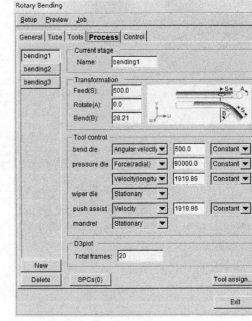

图 7-15 "Process"参数设置

7.2.5 控制参数设置

在如图 7-15 所示的"Rotary Bending"设置对话框中单击"Control"选项卡进入控制参数设置界面，单击如图 7-16 所示的时间步长"Time step size"后的 ▦ 按钮，进入如图 7-17 所示的"Time step size"对话框。时间步长是根据材料参数和单元网格尺寸自动计算的。在如图 7-17 所示的"Time step size"对话框中单击"OK"完成"Control"设置。

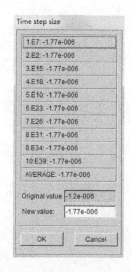

图 7-16 "Control"设置对话框　　图 7-17 "Time step size"对话框

7.2.6　工模具运动规律的动画模拟演示

在如图 7-16 所示"Rotary Bending"设置对话框中单击菜单栏"Preview/Animation"命令，弹出对话框，如图 7-18 所示，可调整滑块"Frames/Second"到较合适的数值，然后单击"Play"按钮进行动画模拟演示。通过观察动画，可以判断工模具运动设置是否正确合理。单击"Stop"按钮结束动画，返回"Rotary Bending"对话框。

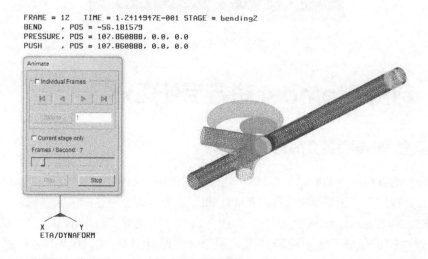

图 7-18　动画模拟演示设置

7.2.7　提交 LS-DYNA 进行求解计算

在提交运算前，先保存已经设置好的文件。再在"Rotary Bending"对话框中单击菜单栏

"Job/Job Submitter"命令,弹出"另存为"对话框弹,选择好保存路径后会弹出"Job Submitter"对话框,如图 7-19 所示。并自动开始计算,如图 7-20 所示,等待运算结束后,可在后处理模块中观察整个模拟结果。

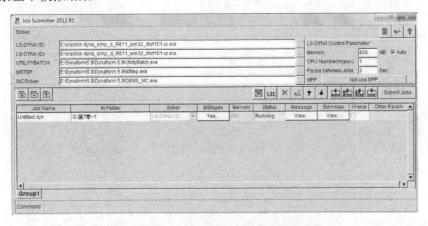

图 7-19 提交"Job Submitter"计算

图 7-20 提交 LS-DYNA 进行求解运算

7.3 利用 eta/post 进行后处理分析

7.3.1 观察成形零件的变形过程

完成分析运算后,在 DYNAFORM5.9 软件中单击菜单栏中的"Post Process/eta post"命令,进入后处理程序。在菜单中选择"File/Open"命令,浏览保存结果文件目录,修改文件类型为"ETA Multiple stage file (*.idx)",如图 7-21 所示,选择文件后单击打开,读入结果文件。由于该弯管成形属于多步成形,因此程序计算时针对每一个工步都会产生一系列的 x.d3plot 文件,如果只导入 x.d3plot 文件,则用户只能看到部分的成形结果,x.idx 文件是针对于多工步设计的导入的总目录,用户导入 x.idx 文件就可一次性将所有工步的 x.d3plot 文件导入后处理中,观察零件整个成形结果。如图 7-22 所示。

单击菜单栏"Application/Multiple Stage Control"命令,弹出如图 7-23 所示对话框,修改"Show Tools"选项改为"Current",只显示当前工步的工具。单击"Exit"退出多工步控制选项对话框。

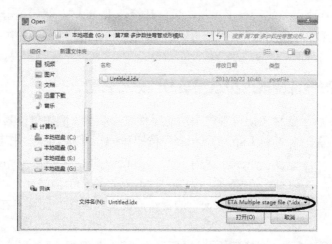

图 7-21　导入文件对话框

图 7-22　导入结果

单击"Frames"选项，在下拉菜单中选择"Select Cases"选项。如图 7-24 所示。该零件完成弯曲变形共经历三个成形工序，用户可单击如图 7-24 所示的工步逐一观看变形过程。

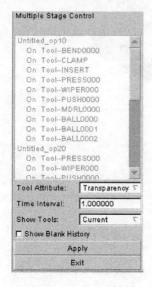

图 7-23　多工步控制选项

图 7-24　变形对话框

如果希望着重观察管件"Tube"的具体成形状况，可单击  "Turn Parts On/Off"按钮，关闭掉除了管件"Tube"外的所有工模具，只打开管件"Tube"，然后单击 ▶ "Play"按钮，以动画形式显示整个变形过程。也可选择"Single Frame"，对过程中的某时间步的变形状况进行观察。

7.3.2 观察成形零件的成形极限图及厚度分布云图

单击如图 7-25 所示各种按钮可观察不同的零件成形状况，例如单击其中的 ⊡ "Forming Limit Diagram"按钮和 ⇔ "Thickness"按钮，即可分别观察成形过程中零件"Tube"的成形极限及厚度变化情况，如图 7-26 所示为零件"Tube"的成形极限图，如图 7-27 所示为零件"Tube"的板料厚度变化云图。同样可在"Frame"下拉列表框中选择"All Frames"，然后单击 ▶ "Play"按钮，以动画模拟方式演示整个零件的成形过程，也可选择"Single Frame"，对过程中的某时间步进行观察，根据计算数据分析成形结果是否满足工艺要求。

图 7-25　成形过程控制工具按钮

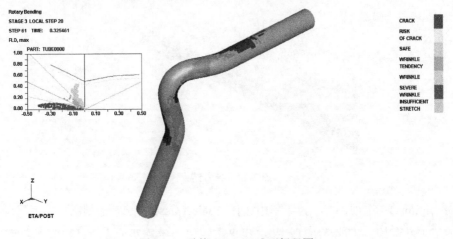

图 7-26　零件"Tube"成形极限图

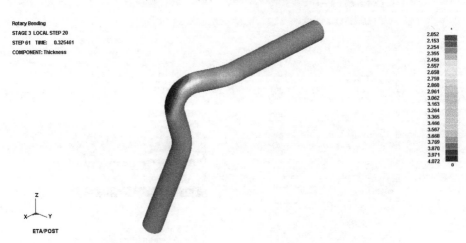

图 7-27　零件"Tube"的板料厚度变化分布云图

第8章

电器连接件多道次成形模拟

　　零件如果不能一次成形或者需要采用多种类型单工序进行冲压成形时，往往采用多道次成形方式进行实际零件成形。进行冲压零件多道次成形数值模拟分析可预测和掌握零件在不同道次的成形性及成形缺陷，大大减少后续修模时间和零件试制成本。冲压零件的多道次成形分析，就是在进行相应数值模拟分析过程中将零件成形前一单工序的成形结果投入到后一个单工序中再次进行成形分析，以此反复直至零件最终成形。根据数值模拟分析的成形结果帮助专业技术人员预先了解及分析掌握零件各工序成形的缺陷及工艺参数的合理性，以减少或避免后续需进行的修模和改模工序，还可以帮助工艺设计技术人员进行相应的工艺设计或工艺改进。

　　本章以一种典型电器连接件的多道次成形为例，基于 DYNAFORM5.9 进行该零件的多道次成形数值模拟。该零件的板料选用不锈钢，材料的牌号为 SS304，板料的厚度为 1mm。整个零件需经过三道冲压工序：拉深成形；切边；拉深成形。本章对零件的模拟模型经过了预先设置，重点将阐述在 DYNAFORM5.9 软件中如何进行零件多道次成形的工序参数设置及模拟。本实例模拟所用参数涉及的单位采用了 DYNAFORM 默认系统单位设置：mm（毫米），ton（吨），sec（秒）和 N（牛顿）。

8.1　导入模型

　　启动 DYNAFORM5.9 后，选择菜单栏"File/Open"命令，打开文件"OP10.df"，如图8-1 所示。打开文件后观察模型显示，如图 8-2 所示。

8.2　自动设置

8.2.1　初始设置

　　在 DYNAFORM5.9 软件的菜单栏中选择"AutoSetup/Sheet Forming"命令，弹出"New Sheet Forming"对话框。根据如图 8-3 所示，进行初始设置，完成后单击"OK"按钮，弹出如图 8-4 所示的"Sheet Forming"对话框。

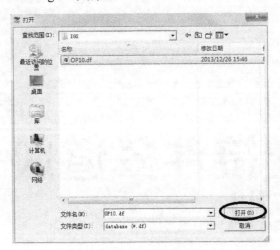

图 8-1 导入文件对话框

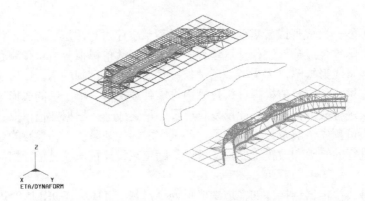

图 8-2 导入的网格模型示意

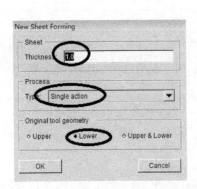

图 8-3 "New Sheet Forming"对话框设置

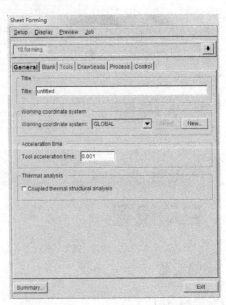

图 8-4 "Sheet Forming"对话框设置

8.2.2　第一步"Forming"

在如图 8-4 所示的"Sheet Forming"对话框中，修改"Title"为"FORM10"。单击"Blank"选项卡，单击"DQSK"按钮，弹出"Material"对话框，如图 8-5 所示，单击"Material Library"按钮，按照如图 8-6 所示选择材料。单击"OK"按钮，进入如图 8-7 所示的"Material"对话框，该对话框显示出：材料类型为"T36"，材料牌号为"SS304"的材料应力/应变曲线，单击"OK"按钮，材料厚度为 1mm，完成板料零件"BLANK"的材料定义。

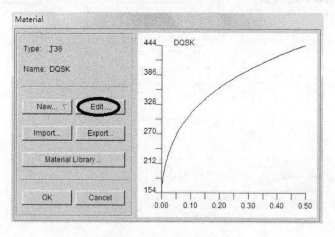

图 8-5　"Material"对话框

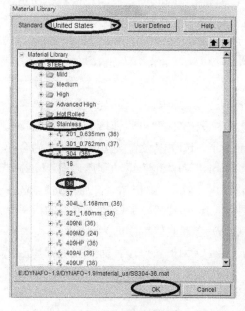

图 8-6　材料的选择设置　　　　　　图 8-7　T36/SS304 材料的应力/应变曲线

单击"Tools"选项卡，将"DIE10"添加到"die"中，将"PUNCH10"添加到"punch"中，将"BINDER10"添加到"binder"中，如图 8-8 所示。

单击"Positioning"选项卡，在弹出的"Positioning"对话框中，按照图 8-9 所示设置。

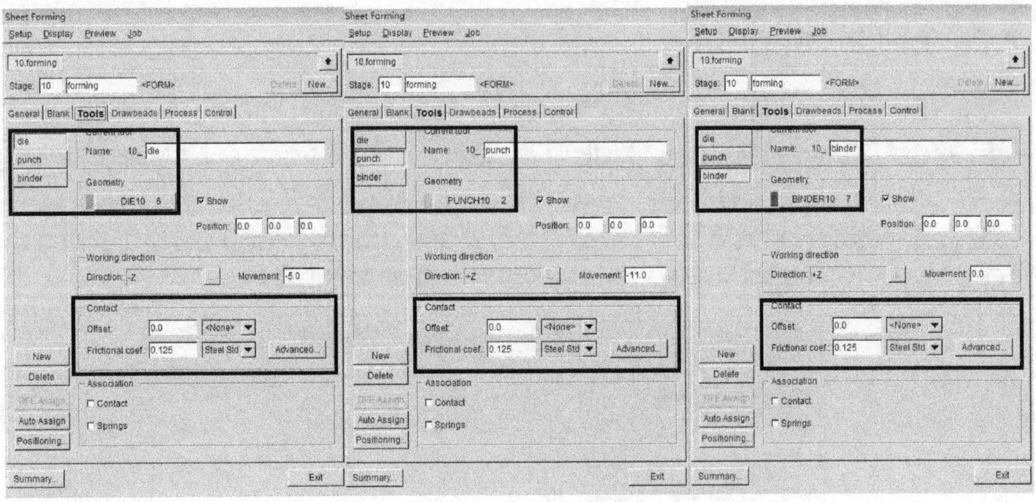

图 8-8 "Tools"定义

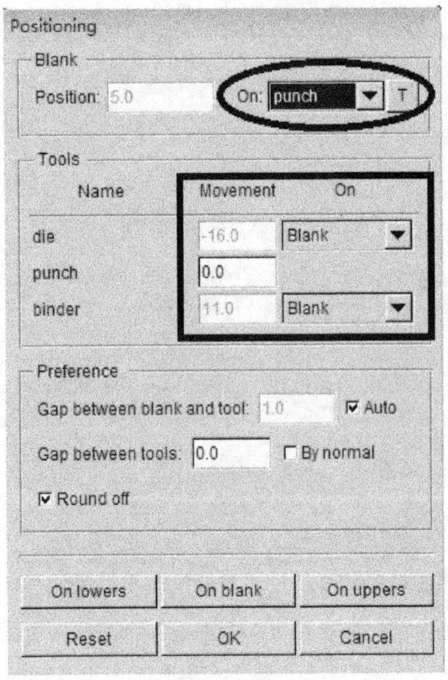

图 8-9 "Positioning"定义

注：本例模拟了倒装模具进行冲压过程，即凸模"punch"安装在压力机工作平台上，凹模"die"将向下运动与凸模"punch"合模完成整个零件冲压过程。因此凸模"punch"在整个冲压成形过程中保持固定不动状态，而其他工具参照以凸模"punch"作为定位基础的，和凸模"punch"的相对位置来定位。其他工具相互之间的位置需满足板料"Blank"在凸模"punch"上方，凹模"die"和压边圈"Binder"都在板料"Blank"上方。另外，"die10"的网格是由"punch10"的网格 copy 得到的，所以在图 8-8 中"die10"的"Offset"选项中是"0.0"。

单击工艺 "Process"选项卡，合模"closing"选项中，在"Tool control"选项中设定凹模"die"速度为1000mm/sec。过程持续状态"Duration"选项中设置类型"Type"为合模"Closure"的工具，"Tools"为"die"运动到压边圈"binder"的间隙大小，"Gap"为"1.1mm"。根据《冲压手册》规定：普通冲压模具凸凹模双面间隙（Z 值）合理取值范围为（10%～20%）t（t 表示采用的板料厚度），因此在此实例模拟中凸凹模之间的间隙大小（Gap）合理取值范围即为（板料厚度 t+凸凹模双面间隙值 Z）= t+（0.1～0.2）t=（1.1～1.2）t，其中 t 为板料厚度，而且在进行冲压模具设计时，一般考虑采用最小凸凹模间隙值（即 Z=1.1t）进行冲压模具设计，因此，本实例中取凸凹模之间的间隙为 Gap=1.1t。由于板料厚度为 t=1mm，因此凹凸模之间的间隙值"Gap"取 1.1mm。后续章节中若涉及相同的凸凹模之间的间隙"Gap"大小的计算可以此类推进行计算获得。

图 8-10 所示"drawing"选项中，在"Tool control"选项中设定凹模"die"运动速度为"1000mm/sec"。压边圈"binder"运动速度为"–1000mm/sec"。工模具持续状态"Duration"选项中设置类型"Type"为合模"Closure"时，所采用的工模具"Tools"为以凹模"die"向凸模"punch"运动进行合模，"Gap"为"0.0"，勾选全匹配"Fully match"。设置好后

如图 8-10 所示。

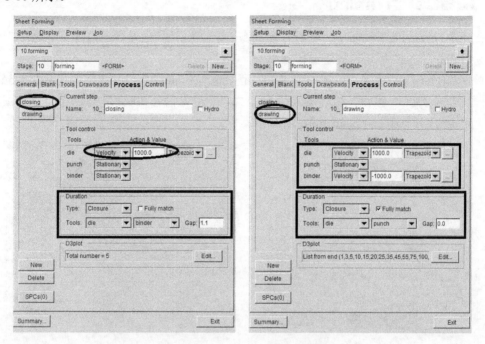

图 8-10　"Process"设置对话框

完成图 8-10 的工艺参数"Process"设置后，返回到"Sheet Forming"设置对话框，如图 8-4 所示，进行成形控制"Control"参数设置，单击"Control"按钮进入相应对话框，勾选了进行采用自适应网格，划分等级选择 4 级，时间步长可选用系统默认值。如图 8-11 所示。

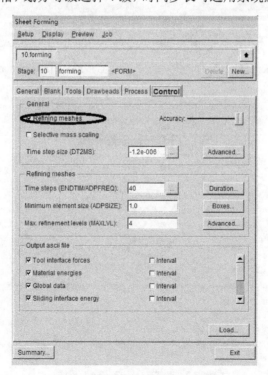

图 8-11　"Control"设置对话框

8.2.3 第二步 "Triming"

在图 8-11 所示的 "Sheet Forming" 对话框中单击 ⬆ 按钮，并在下拉菜单中选择 "New" 按钮。按照如图 8-12 所示，设置参数并单击 "OK" 确认。

单击 "Blank" 选项卡，单击如图 8-13 所示的 "Define" 按钮，弹出 "Transformation" 对话框，单击 "Add" 按钮，在 "Vector" 后第二个方框内输入 200，单击 "Apply" 如图 8-14 所示。单击 "OK" 退回 "Sheet Forming" 对话框。

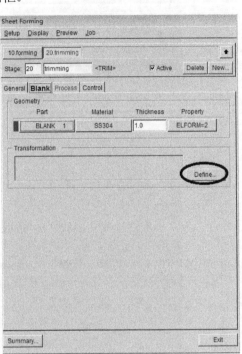

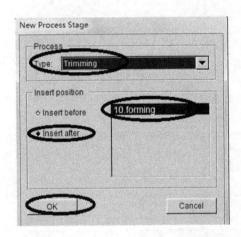

图 8-12 "New Process Stage" 对话框 　　　图 8-13 "Transformation" 设置按钮

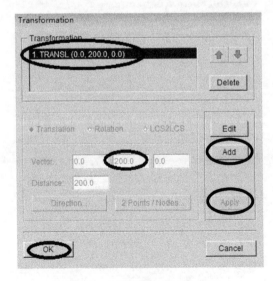

图 8-14 "Transformation" 设置

单击"Process"选项卡，单击如图 8-15 所示的"Add"按钮，弹出"Select Line"对话框。按照如图 8-16 所示选择黑色高亮的圆圈，单击"OK"确认。

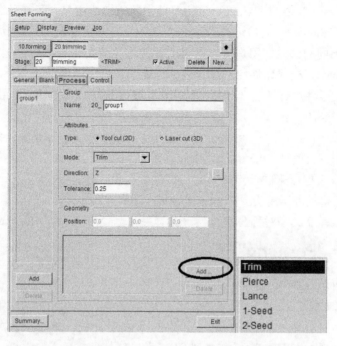

图 8-15 "Process"设置对话框

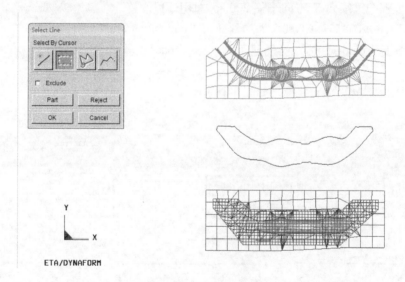

图 8-16 选择示意图

如图 8-15 所示"Group"称为组列表。组列表中列出了当前所有已经定义了的曲线组名称。用户可将这些曲线进行归类以便于管理。在定义了多个曲线组后，组名称按钮为按下状态时表示当前显示的曲线组。未完全定义的曲线组标签显示为红色。用户可以在图 8-15 所示中修改组名称。

在"Attributes"控制框中，本实例选择了工具切边（二维）"Tool cut（2D）"，这是指所对应的是采用平面上的曲线切边，其方向是根据所定义的矢量方向决定的。如果采用工具切边（三维）"Laser cut（3D）"，这是指采用三维立体曲线切边，通常是指采用激光进行立体切边，其方向由单元的法向确定。

如图 8-15 所示，其中的"Mode"下拉菜单中二维切边中包含了三种模式，分别是：切边（Trim）、冲孔（Pierce）、工艺切口（Lance）"1-Seed"和"2-Seed"，切边和冲孔需要选择封闭曲线，对于不同的曲线，用户可以用组的方式进行分类管理。对于工艺切口模式来说，"1-Seed"和"2-Seed"模式允许用户选择坐标点来确定零件要保留的部分，其中"2-Seed"用来对一模两件的零件进行切边。选择坐标点可以避免在多工步设置中，由于网格自适应而导致坐标点无法找到的问题。

"Tolerance"即为切边公差，用来控制切边产生的最小单元，如果数值为"0"，则表示对单元尺寸没有要求；数值为"0.5"，表示限制新单元为原单元的 0.5 倍；数值为"1"，表示没有新单元生成，仅仅把原来的节点移动到切边线上。值小于"0"是表示将整个单元删除，只留下锯齿状的边界。本例选用了默认公差 0.25（对称公差）。

8.2.4 第三步"Forming"

在图 8-15 所示的"Sheet Forming"对话框中单击"New"按钮。按照如图 8-17 所示，设置参数并单击"OK"确认。

修改"Title"为"FORM20"。将"Blank"按照"trimming"步骤中继续向 Y 方向平移 200 将"DIE30"添加到"die"中，将"PUNCH30"添加到凸模"punch"中。删除压边圈"binder"后，再新建工具-垫板"pad"（此处注意是以凹模"die"作为基准工模具），最后将垫板"PAD"添加到垫板"pad"中，如图 8-18 所示。

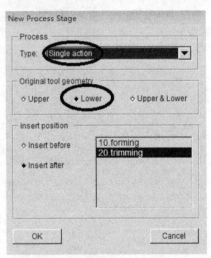

图 8-17 "New Process Stage"对话框

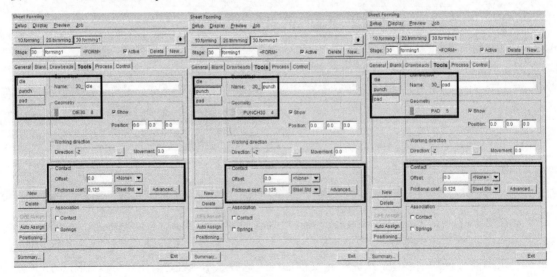

图 8-18 "Tools"定义

单击定位"Positioning"选项卡，在弹出的"Positioning"对话框中，按照图 8-19 所示设置。

注意：此处的工模具定位原则请参考上面第一步的工模具定位阐述，仍采用模具倒装进行冲压，因此凸模"punch"在冲压过程中将保持不变。

单击"Process"选项卡，合模"closing"选项卡中设定垫板"pad"速度为"1000mm/sec"，"punch"和"pad"的"Gap"为1.1。"drawing"选项卡中在"Tool control"选项中设定"die"运动速度为"1000mm/sec"。"pad"载荷力设置为"20000N"，"Duration"选项中设置"Type"为"Closure"，"Tool"为"die"，"punch"、"Gap"为0，设置好后如图8-20所示。

完成图8-20的工艺参数"Process"设置后，返回到"Sheet Forming"设置对话框，进行成形控制"Control"参数设置，单击"Control"按钮进入相应对话框，勾选采用自适应网络，划分等级选择4级，时间步长可选用系统默认值，如图8-21所示。

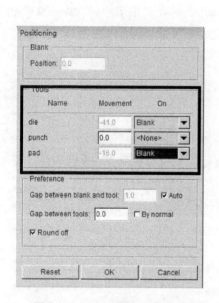

图 8-19　"Positioning"定义

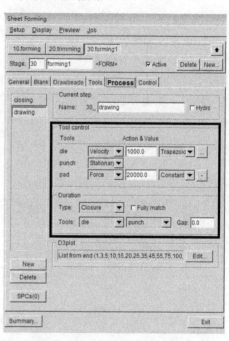

图 8-20　"Process"设置对话框

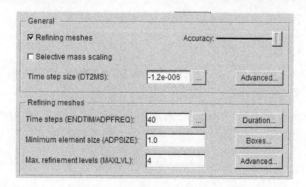

图 8-21　"Control"设置对话框

在此为用户详细介绍一下控制参数的设置。DYNAFORM软件允许用户对计算所需的工艺控制参数进行自行设置，从而控制计算机进行相应的模拟计算的效率和计算精度。

"Refining meshes"为网格细划分选项，勾选该选项时，则下方"Refining meshes"为黑色时表示可操作状态，如不勾选此选项，则下方的"Refining meshes"将为灰色，这表示处于不可操作状态。

"Accuracy"为精度等级。该选项允许用户设置精度等级以控制不同的时间步长和最小单元尺寸及最大自适应等级。用户在拖动滚动条时，时间步长控制在（-1.2e-005）～（-1.2e-006）之间变化，最小单元尺寸和最大自适应等级也相应发生改变。"Selective Mass Scaling"表示质量缩放等级。该选项允许用户设置是否使用选择性质量缩放，当用户选择该选项后，时间步长将重置为 -1.2e-006，因此如果用户需要勾选该选项时，应先选中该选项，然后再修改时间步长。

"Time step size"允许用户设置计算时间步长。默认的时间步长为-1.2e-006。单击图 8-21 中"Time step size（DT2MS）"后面的 按钮，程序根据单元尺寸和自适应等级自动计算出时间步长。程序会计算出 10 个最小单元的时间步长和所有单元的平均时间步长，并将 10 个最小时间步长的单元高亮显示出来。10 个最小的时间步长分别列出了序号、单元编号和时间步长。用户可以单击这些按钮将时间步长设置为新的时间步长，也可以在文本框中直接输入新的时间步长，如图 8-22 所示。

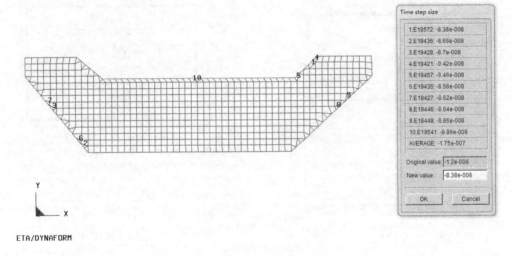

图 8-22　时间步长设置对话框

"Time steps（ENDTIME/ADPFREQ）"为（完成时间/自适应过程）的时间步。允许用户设置了采用系统自适应网格设置时，系统默认的时间步数为 40 次。单击"…"按钮程序根据工具行程自动计算所需时间步。

"Minimum element size（ADPSIZE）"为最小单元尺寸（采用自适应网格）。用户可以设置采用自适应网格划分时可以获得的最小单元尺寸，用来控制自适应重划分时的单元尺寸。假设此处值设定为"1"，那么当自适应网格划分到最小单元尺寸为 1mm 时，就不会再继续进行网格细分了。

"Duration"为模具持续状态。该选项允许用户控制工模具在冲压过程中的网格自适应细划分的状态。用户可以为每个工序（Step）设置不同的网格细划分的类型。

在第一个工序所采用的网格划分等级为四级，第三个工序的网格划分等级依旧设置为四级，但是如果设置的"Minimum element size（ADPSIZE）"的数值为"1"，则此时最小单元网格尺寸已经小于 1mm，那么系统不会再继续细化单元网格，第三工序设置的网格划分等级为四级，实际上是不起作用的。

8.2.5　工模具运动规律的动画模拟演示

在"Sheet Forming"对话框中单击菜单栏"Preview/Animation"命令，弹出对话框，如图 8-23 所示，调整滑块"Frames/Second"适宜的数值，单击"Play"按钮，进行动画模拟演示。通过观察动画，可以判断工模具运动设置是否正确合理。单击"Stop"按钮结束动画，返回"Sheet Forming"对话框。

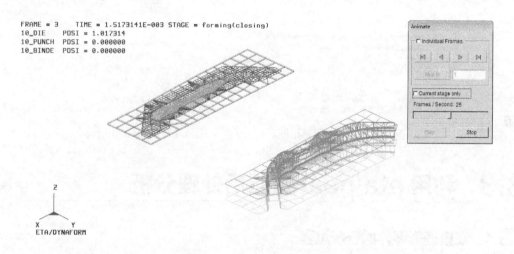

图 8-23　动画模拟演示设置

8.2.6　提交 LS-DYNA 进行求解计算

在提交运算前，先保存已经设置好的文件。再在"Sheet Forming"对话框中单击菜单栏"Job/Job submitter"命令，弹出"Submit job"对话框，如图 8-24 所示。单击"Submit"按钮开始计算，如图 8-25 所示。等待运算结束后，可在后处理模块中观察整个模拟结果。

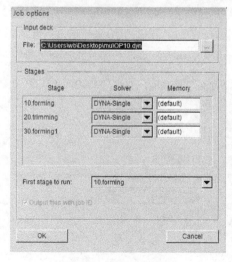

图 8-24　提交运算设置

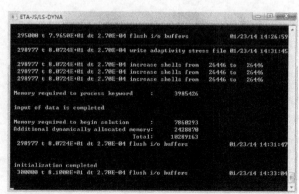

图 8-25　提交 LS-DYNA 进行求解运算

如果在"Sheet Forming"对话框中单击菜单栏"Job/LSDYNA-input Deck"命令，那么系统会询问文件保存路径，保存成功后会弹出消息对话框。如图 8-26 所示。

图 8-27 所示为多工步设置提交 LS-DYNA 计算所需要的文件，"OP10.blk"为坯料信息文档，"OP10.dyn"为控制参数文档，"OP10_op10.dyn"、"OP10_op20.dyn"、"OP10_op30.dyn"分别为第一～三步的控制参数文档。"OP10.idx"为结果文件目录，"OP10_op10.mod"、"OP10_op30.mod"为第一步和第三步的模型信息文档。

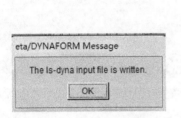

图 8-26 消息提示对话框　　　　　图 8-27 输出文件列表

8.3 利用 eta/post 进行后处理分析

8.3.1 观察成形零件的变形过程

完成分析运算后，在 DYNAFORM5.9 软件中单击菜单栏中的"Post Process/eta post"命令，进入后处理程序。在菜单中选择"File/Open"命令，浏览保存结果文件目录，修改文件类型为"ETA Multiple stage file (*.idx)"，如图 8-28 所示，选择文件后单击打开，读入结果文件，如图 8-29 所示。

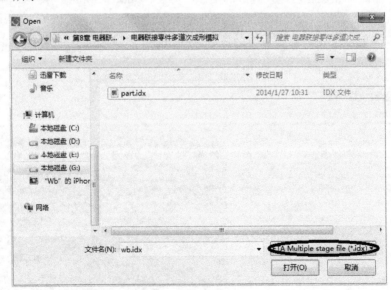

图 8-28 导入文件对话框

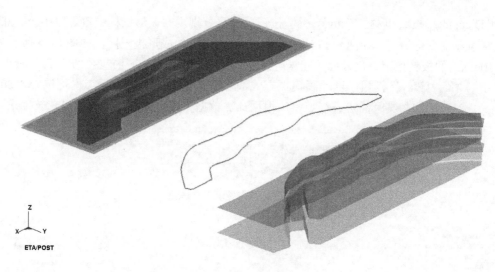

图 8-29　导入结果

单击菜单栏"Application/Multiple Stage Control"命令，弹出如图 8-30 所示对话框，修改"Show Tools"选项改为"Current"，只显示当前工步的工具。单击"Exit"退出多工步控制"Multiple Stage Control"选项对话框。

单击帧"Frames"选项，在下拉菜单中选择"Select Cases"选项。如图 8-31 所示。该零件完成变形的所有步骤，用户可单击如图 8-30 所示的工步逐一观看变形过程。

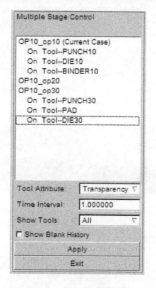

图 8-30　多工步控制选项

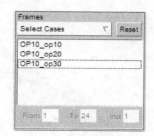

图 8-31　帧对话框

为了重点观察零件的成形状况，单击 "Turn Parts On/Off" 按钮，关闭除了板料"Blank"外的所有工模具，然后单击 "Play" 按钮，以动画形式显示整个变形过程。也可选择单帧"Single Frame"，就对成形过程中的某一个时间步的变形状况进行具体观察。

8.3.2　观察成形零件的成形极限图及厚度分布云图

单击如图 8-32 所示各种按钮可观察不同的零件成形状况，例如单击其中的 "Forming

Limit Diagram"按钮和  "Thickness"按钮，即可分别观察成形过程中零件"Blank"的成形极限及厚度变化情况，如图 8-33 所示为零件"Blank"的成形极限图，如图 8-34 所示为零件"Blank"的板料厚度变化云图。同样可在"Frame"下拉列表框中选择"All Frames"，然后单击 ▶ "Play"按钮，以动画模拟方式演示整个零件的成形过程，也可选择"Single Frame"，对过程中的某时间步进行观察，根据计算数据分析成形结果是否满足工艺要求。

图 8-32　成形结果显示工具按钮

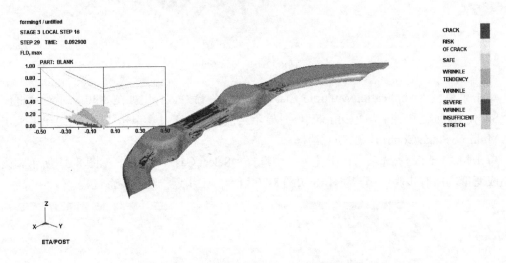

图 8-33　零件"Blank"成形极限图

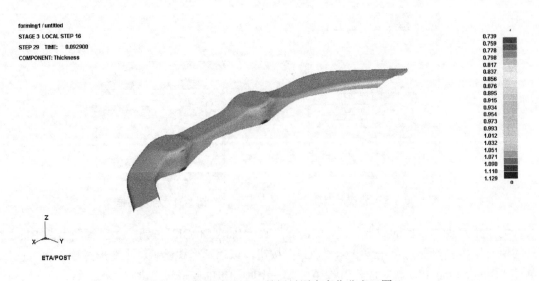

图 8-34　零件"Blank"的板料厚度变化分布云图

　　如图 8-35～图 8-37 分别为第一工序到第三工序步冲压过程完成后的获得的板料成形极限图。

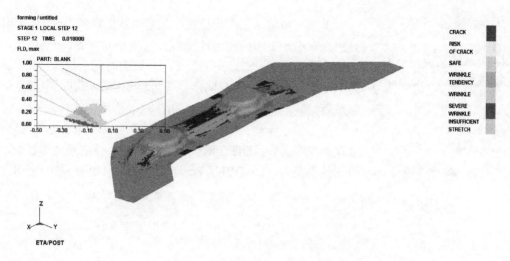

图 8-35　零件"Blank"第一道次后成形极限图

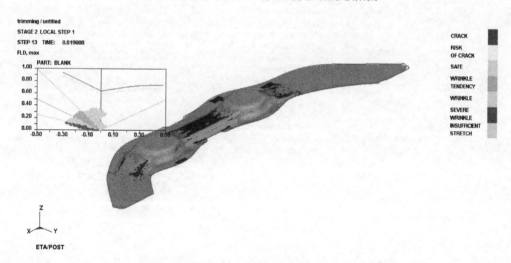

图 8-36　零件"Blank"第二道次后成形极限图

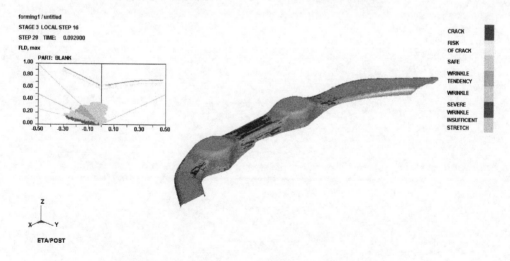

图 8-37　零件"Blank"第三道次后成形极限图

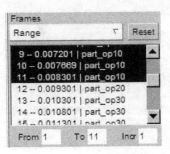

图 8-38 "Range"设置

上述工步演示了在后处理中观察全部工序的方法，如果用户只想观察第一工步的变形过程那么可以单击"Frames"选项，在下拉菜单中选择"Range"选项，并调整时间步区域"Range"为第 1 时间步～第 11 时间步，就可以观察第一道工序的整个成形过程，其他情况可以类推，如图 8-38 所示。

如果用户希望只观察某一个时间步的成形变形情况，那么可以在菜单中选择"File/Open"命令，浏览保存结果文件目录，修改文件类型为"LS-DYNA Post (*.d3plot)"，如图 8-39 所示。

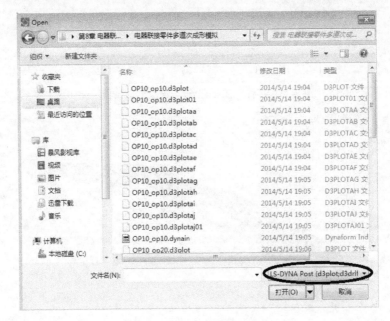

图 8-39 导入文件对话框

选择"part_op10.d3plot"就是选择了第一个工序的成形模拟结果文件，导入后按照上述软件操作即可在后处理观察成形状态，其他工序步的成形状态的软件操作方法类似。

第9章

多工位级进模成形模拟

冲压模具是现代工业生产的主要冲压工艺装备，多工位级进模是冲压模具中一种先进、高效的冲压模具，对某些形状复杂、具有冲裁、弯曲、拉深等多工序的冲压零件可以在一副级进模中冲制完成。多工位级进模是实现冲件成形自动化、半自动化生产的必要生产装备。掌握该类型模具设计的核心成形工艺及成形特性是现代模具工业发展的趋势之一和迫切需求，另外多工位级进模设计水平也代表着当前国内外冷冲压模具的最高水平，因此对多工位级进模成形进行数值模拟，具有十分重大的意义。

本章主要采用 DYNAFORM5.9 软件，针对一种采用多工位级进模成形的典型汽车零件冲压成形进行多工位，多冲压工序成形过程计算机模拟分析。本章实例采用了 DYNAFORM5.9 系统默认的单位设置：mm（毫米），ton（吨），sec（秒）和 N（牛顿）。

9.1 导入模型

启动 DYNAFORM5.9 后，选择菜单栏 "File/Open" 命令，打开文件 "Prog2.df"，如图 9-1 所示。打开文件后可观察模具型腔部分几何模型，如图 9-2 所示。

图 9-1　导入文件对话框

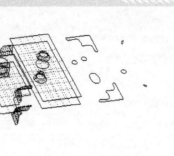

图 9-2　导入多工位级进模成型型腔几何模型

9.2 自动设置

9.2.1 初始设置

在 DYNAFORM5.9 软件菜单栏中选择"AutoSetup/Sheet Forming"命令，弹出"New Sheet Forming"对话框。根据如图 9-3 所示，进行初始设置，完成后单击"OK"按钮，弹出如图 9-4 所示的"Sheet Forming"对话框。

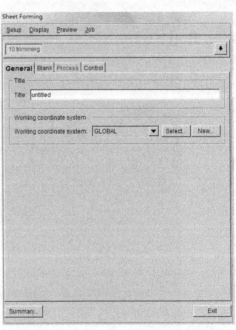

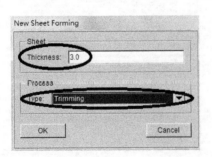

图 9-3　"New Sheet Forming"对话框设置　　　　图 9-4　"Sheet Forming"对话框设置

9.2.2 第一步"Blanking"

在如图 9-4 所示的"Sheet Forming"对话框中，修改"Title"为"BLK"（也可将"Stage"

后名称修改为"Blanking"使得模拟过程清晰明了，下同不再赘述）。单击"Blank"选项卡，单击"DQSK"按钮，弹出"Material"对话框，如图 9-5 所示，单击"Material Library"按钮，按照如图 9-6 所示进行材料选择[所采用的材料为 DDQ(37)]。单击"OK"按钮，进入如图 9-7 所示的"Material"对话框，该对话框显示出：材料类型为"T37"，材料名称为"DDQ"的材料应力/应变曲线，单击"OK"按钮，完成板料零件"BLANK"的材料定义。

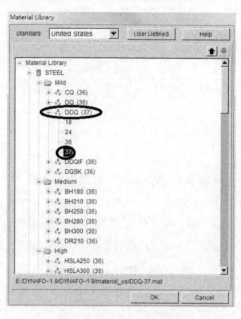

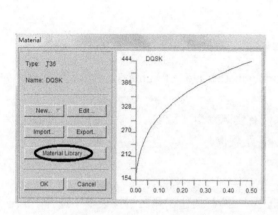

图 9-5　"Material"对话框　　　　　　　图 9-6　材料的选择设置

　　单击"Process"选项卡，单击如图 9-8 所示的"Add"按钮，并修改"Mode"参数为"Pierce"弹出"Select Line"对话框。单击 "Turn Parts On/Off"按钮，单击"DIE1 18"将该零件打开显示，按照如图 9-9 所示选择高亮显示的圆圈轮廓线，单击"OK"确认。

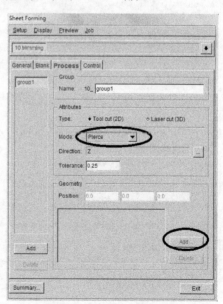

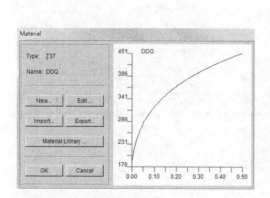

图 9-7　T37/DDQ 材料的应力/应变曲线　　　　图 9-8　"Process"设置对话框

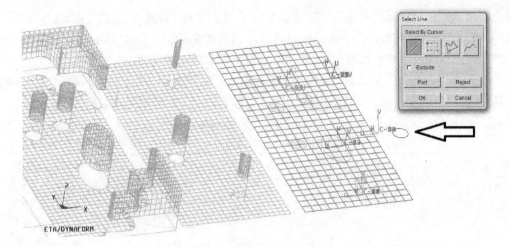

图 9-9 圆圈轮廓线的选择示意

继续单击"Control"选项卡，勾选"Refining meshes along trimming curves"对话框，如图 9-10 所示。

第一步：除了定义板料的材质厚度外，并没有实际发生实际剪切。该工步属于虚拟工步，作用是模拟真实的级进模工作状态，表示坯料开始就位。

9.2.3 第二步"Dummy1"

在图 9-10 所示的"Sheet Forming"对话框中单击 ⬇ 按钮，并在下拉菜单中选择"New"按钮。按照如图 9-11 所示，设置参数并单击"OK"确认。

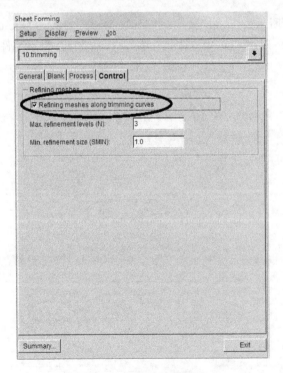

图 9-10 "Refining"控制框

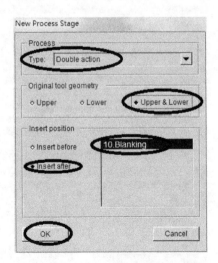

图 9-11 "New Process Stage"对话框

修改"Title"为"20Dummy"。单击"Blank"选项卡，单击"Define"按钮，如图 9-12 所示。弹出"Transformation"对话框，单击"Add"按钮。如图 9-13 所示。按照如图 9-14 所示参数进行设置，使得板料向 X 轴负方向移动一个工步的距离也就是 120，依次单击"Apply"，"OK"退出，回到"Sheet Forming"对话框。

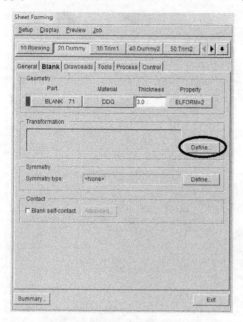

图 9-12　"Transformation"设定

图 9-13　"Transformation"对话框

单击"Tools"选项卡按照如图 9-15、图 9-16 所示设定"Tools"。并删除"binder"选项卡。

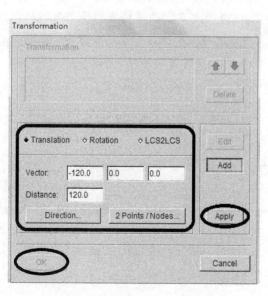

图 9-14　"Transformation"设置

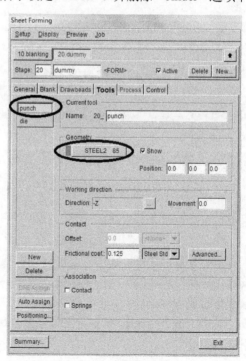

图 9-15　"punch"定义

单击"Process"选项卡，修改"Name"为"Moving"。在"Tool control"选项中设定"punch"速度为1000。"Duration"选项中设置"Type"为"Travel""Tool"为"punch"，"Displacement"为18.4。最后将"drawing"删除。设置好后，如图9-17所示。

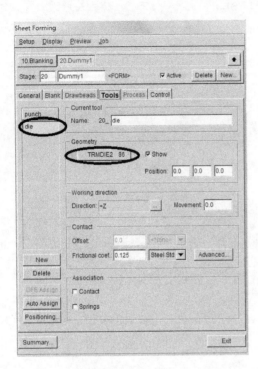

图9-16 "die"定义

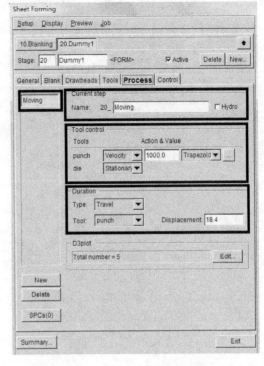

图9-17 "Process"设置对话框

第二步：凸模沿着Z轴负方向运动18.4mm。注意此处距离18.4mm，可能随着读者不同的电脑系统的实际操作环境而有所变化，数值上不必强求一定要完全与本书提供的数据相同，但需遵循一定的工模具运动设置原则：必须保证凸模在完成冲压过程后不与坯料表面发生实际接触。该步主要功能仅是模拟极进模的凸模进行向下运动时完成冲孔工艺的动作设置。实际冲孔工艺将由下述"Trim"工序步来实现，下述实例操作的工步安排与此雷同，后续将不再赘述。

9.2.4 第三步"Trim1"

在图9-17所示的"Sheet Forming"对话框中单击 ⬆ 按钮，并在下拉菜单中选择"New"按钮。按照如图9-18所示，设置参数并单击"OK"确认。

修改"Title"为"S1_Trimming"。单击"Process"选项卡，单击如图9-19所示的"Add"按钮，并修改"Mode"参数为"Pierce"弹出"Select Line"对话框。单击 ⬚ "Part Turn On/Off"按钮，单击"DIE1 18"将该零件关闭显示，按照如图9-20所示选择三个黑色高亮的圆圈（注意选择的顺序），单击"OK"确认。

继续单击"Control"选项卡，勾选"Refining meshes along trimming curves"对话框，如图9-21所示。

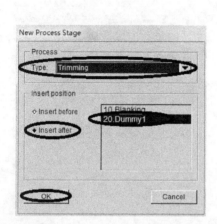

图 9-18　"New Process Stage"对话框

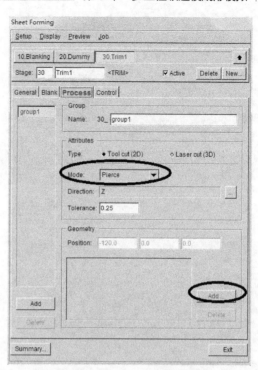

图 9-19　"Process"设置对话框

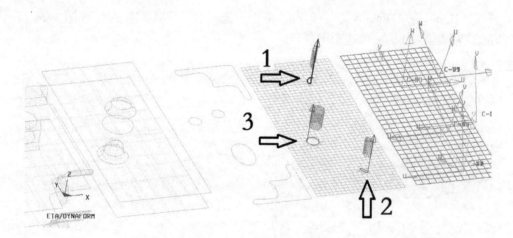

图 9-20　选择冲孔的示意

第三步：剪切，实际完成了冲孔工艺的过程，由"Dummy"以及"Trim"两步工艺仿真级进模中凸模完成冲孔运动的全过程。用户熟练时可删除"Dummy"工步，采用分组方式一次性冲孔，再进行弯曲，整形等后续工序。这里为方便读者了解使用 DYNAFORM 进行级进模设定的基本流程，后续步骤仍采用此方式。

9.2.5　第四步"Dummy2"

在图 9-21 所示的"Sheet Forming"对话框中单击"New"按钮。按照如图 9-22 所示，设置参数并单击"OK"确认。

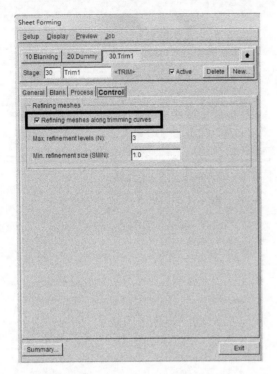

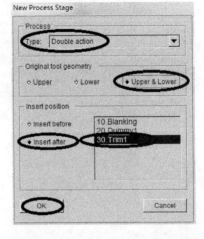

图 9-21 "Refining" 控制框   图 9-22 "New Process Stage" 对话框

修改"Title"为"Dummy40"。单击"Tools"选项卡，按照如图 9-23 和图 9-24 所示设定"Tools"并删除"binder"选项卡。

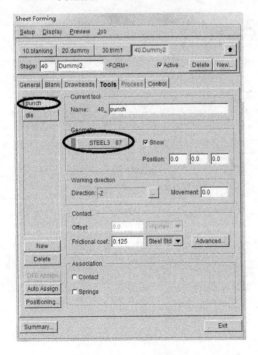

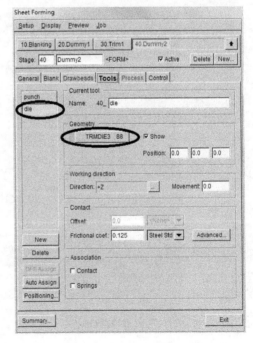

图 9-23 "punch" 定义   图 9-24 "die" 定义

单击"Process"选项卡，修改"Name"为"Moving"。在"Tool control"选项中设定"punch"

速度为 1000mm/sec。"Duration"选项中设置"Type"为"Travel""Tool"为"punch"，"Displacement"为 18.4mm。最后将"drawing"删除，设置完成后如图 9-25 所示（注：参考本章第 9.2.3 节对板料移动的操作步骤阐述，在此将板料继续向 X 轴负方向移动 120mm 的距离）。

9.2.6 第五步"Trim2"

在图 9-25 所示的"Sheet Forming"对话框中单击"New"按钮。按照如图 9-26 所示，设置参数并单击"OK"确认。

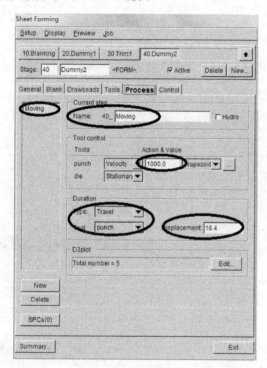

图 9-25 "Process"设置对话框

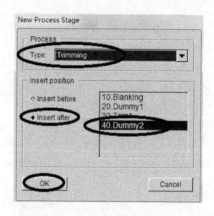

图 9-26 "New Process Stage"对话框

修改"Title"为"S2_trimming"。单击"Process"选项卡，单击如图 9-27 所示的"Add"按钮，并修改"Mode"参数为"Pierce"弹出"Select Line"对话框。单击 "Part Turn On/Off"按钮，将"DIE1 18"、"STEEL3 87"、"TRMDIE3 88"关闭显示，按照如图 9-28 所示选择五个黑色高亮的圆圈（注意选择的顺序），单击"OK"确认。

继续单击"Control"选项卡，勾选"Refining meshes along trimming curves"对话框。

9.2.7 第六步"Forming1"

在图 9-27 所示的"Sheet Forming"对话框中单击"New"按钮。按照如图 9-29 所示，设置参数并单击"OK"确认。

修改"Title"为"S3_Extrusion"。单击"Tools"选项卡添加"punch"的几何模型为"PUNCH4 46"、添加"die"的几何模型为"UPRBNDR4 43"、添加"binder"的几何模型为"LWRBNDR4 44"。请读者自行检查工具运动方向是否设置正确，"punch"为 Z 轴正向，"die"为 Z 轴负向，"binder"为 Z 轴正向。

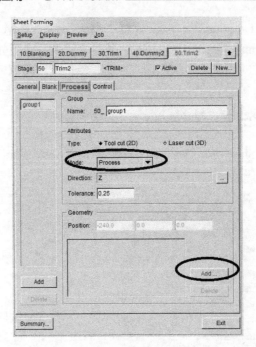

图 9-27 "Process"设置对话框

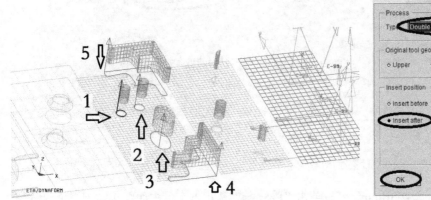

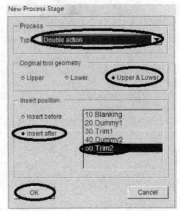

图 9-28 选择冲孔的步骤示意　　　　图 9-29 "New Process Stage"对话框

单击"Process"选项卡。"closing"中在"Tool control"选项中设定"die"速度为2000，"binder"为"Stationary"。"Duration"选项中设置"Gap"为3.3。"drawing"中在"Tool control"选项中设定"punch"速度为2000。"Duration"选项中设置"Gap"为3.3mm（注：参考本章第 9.2.3 节对板料移动的操作步骤的阐述，在此将板料继续向 X 轴负方向移动 120mm 的距离）。

9.2.8 第七步"Bending1"

按照第六步同样的操作步骤添加第七步。修改"Title"为"S4_flanging"。单击"Tools"选项卡添加"punch"的几何模型为"PUNCH5 49"、添加"die"的几何模型为"UPRBNDR5 48"、添加"binder"的几何模型为"LWRBNDR5 50"。

单击"Process"选项卡。"closing"中在"Tool control"选项中设定"die"速度为 1000。"Duration"选项中设置"die"和"binder"的"Gap"为 3.3mm。"drawing"中在"Tool control"选项中设定"punch"速度为 1000mm/sec。"Duration"选项中设置"die"和"punch"的"Gap"为 3.3mm。请读者自行检查工具运动方向是否设置正确,"punch"为 Z 轴正向,"die"为 Z 轴负向,"binder"为 Z 轴正向(注:参考本章第 9.2.3 节板料移动的操作步骤的具体阐述,在此将板料继续向 X 轴负方向移动 120mm 的距离)。

9.2.9　第八步"Dummy3"

按照第七步同样的操作步骤添加第八步。修改"Title"为"Dummy80"。单击"Tools"选项卡添加"punch"的几何模型为"STEEL6 93"、添加"die"的几何模型为"TRMDIE6 90",并删除"binder"选项卡。

单击"Process"选项卡。修改"Name"为"Moving"。在"Tool control"选项中设定"punch"速度为 1000mm/sec。"Duration"选项中设置"Type"为"Travel""Tool"为"punch","Displacement"为 18.2mm。最后将"drawing"删除(注:参考本章第 9.2.3 节板料移动的操作步骤的具体阐述,在此将板料继续向 X 轴负方向移动 120mm 的距离)。

9.2.10　第九步"Trim3"

在图 9-27 所示的"Sheet Forming"对话框中单击"New"按钮。按照如图 9-30 所示,设置参数并单击"OK"确认。

修改"Title"为"S5_trimming"。单击"Process"选项卡,单击"Add"按钮,并修改"Mode"参数为"Pierce"弹出"Select Line"对话框。按照如图 9-31 所示选择黑色高亮的圆圈,单击"OK"确认。

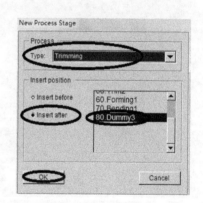

图 9-30　"New Process Stage"对话框

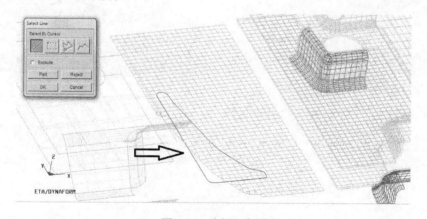

图 9-31　选择示意图

继续单击"Control"选项卡,勾选"Refining meshes along trimming curves"对话框。

9.2.11　第十步"Bending2"

按照第八步同样的操作步骤添加第十步。修改"Title"为"S6_flanging"。单击"Tools"

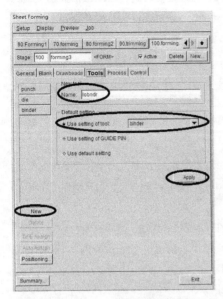

图 9-32 添加工具设置框

选项卡添加"punch"的几何模型为"LWRPAD7 52"、添加"die"的几何模型为"UPRPNCH7 59"、修改"binder"名称为"upbndr"添加的几何模型为"UPRBNDR7 53"、单击"New"按钮新建工具，命名为"lobndr"单击"Apply"，如图 9-32 所示。并添加几何模型"LWRBNR7 54"。请读者自行检查工具运动方向是否设置正确，"punch"为 Z 轴正向，"die"为 Z 轴负向，"upbndr"为 Z 轴负向，"lobndr"为 Z 轴正向。

单击"Process"选项卡。"closing"中在"Tool control"选项中设定"upbndr"速度为 1000。"Duration"选项中设置"Gap"为 3.3mm。新建名称为"supporting"如图 9-33 所示。在"Tool control"选项中设定"punch"速度为 1000mm/sec。"Duration"选项中设置"Type"为"Travel""Tool"为"punch"，"Displacement"设置为 40mm。同样新建名称为"Bending"工具，参数如图 9-34 所示设置（注："closing"中设置"upbndr"和"lobndr"之间的间隙为 3.3mm）。

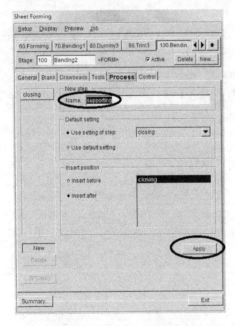

图 9-33 添加工具设置框

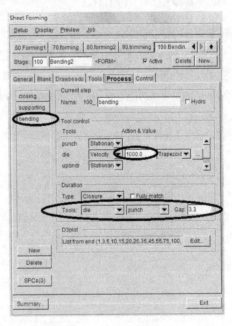

图 9-34 参数设置框

注意：参考本章第 9.2.3 节的板料移动的操作步骤具体阐述，在此将板料继续向 X 轴负方向移动 120mm 的距离。

9.2.12 第十一步"Dummy4"

按照第八步同样的操作步骤添加第十一步。修改"Title"为"Dummy110"。单击"Tools"选项卡添加"punch"的几何模型为"STEEL8 91"、添加"die"的几何模型为"TRMDIE8 92"，并删除"binder"选项卡。

单击"Process"选项卡。修改"Name"为"Moving"。在"Tool control"选项中设定
"punch"速度为1000mm/sec。"Duration"选项中设置"Type"为"Travel""Tool"为"punch",
"Displacement"为18.4mm。最后将"drawing"删除(注:
参考本章第 9.2.3 节的板料移动的操作步骤具体阐述,在此
将板料继续向 X 轴负方向移动 120mm 的距离)。

9.2.13　第十二步"Trim4"

在图 9-27 所示的"Sheet Forming"对话框中单击"New"
按钮。按照如图 9-35 所示,设置参数并单击"OK"确认。

修改"Title"为"S7_trimming"。单击"Process"选项
卡,单击"Add"按钮,并修改"Mode"参数为"Pierce"
弹出"Select Line"对话框。按照如图 9-36 所示选择黑色
高亮的冲裁封闭线,单击"OK"确认。

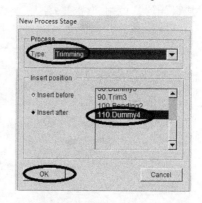

图 9-35　"New Process Stage"对话框

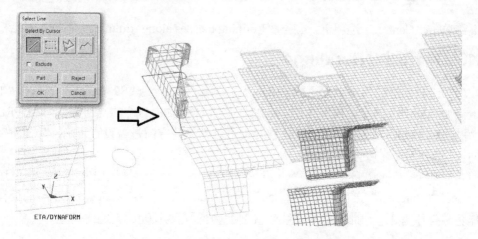

图 9-36　冲裁封闭轮廓线的选择示意

继续单击"Control"选项卡,勾选"Refining meshes along trimming curves"对话框。

9.2.14　第十三步"Dummy5"

按照第十一步同样的操作步骤添加第十三步。修改"Title"为"Dummy130"。单击"Tools"
选项卡添加"punch"的几何模型为"STEEL9 94"、添加"die"的几何模型为"TRMDIE9 95",
并删除"binder"选项卡。

单击"Process"选项卡。删除"closing"。在"Tool control"选项中设定"punch"速度
为1000mm/sec。"Duration"选项中设置"Type"为"Travel""Tool"为"punch","Displacement"
为18.4mm(注:参考本章第9.2.3节的板料移动的操作步骤具体阐述,在此将板料继续向 X
轴负方向移动 120mm 的距离)。

9.2.15　第十四步"Trim5"

在图 9-27 所示的"Sheet Forming"对话框中单击"New"按钮。按照如图 9-37 所示,

设置参数并单击"OK"确认。

修改"Title"为"S8_Trimming"。单击"Process"选项卡，单击"Add"按钮，并修改"Mode"参数为"Pierce"弹出"Select Line"对话框。按照如图 9-38 所示选择黑色高亮的冲裁封闭线，单击"OK"确认。

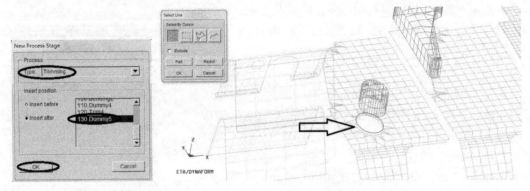

图 9-37 "New Process Stage"对话框　　　　图 9-38 冲裁轮廓线的选择示意

继续单击"Control"选项卡，勾选"Refining meshes along trimming curves"对话框。

9.2.16 第十五步"Bending4"

按照第十步同样的操作步骤添加第十五步。修改"Title"为"S9_flanging"。单击"Tools"选项卡添加"punch"的几何模型为"LWRPAD10 63"、添加"die"的几何模型为"UPRDIE10 80"，并删除"binder"选项卡。请读者自行检查工具运动方向是否设置正确，"punch"为 Z 轴正向，"die"为 Z 轴负向。

单击"Process"选项卡，删除"closing"。在"Tool control"选项中设定"die"速度为 200mm/sec。"Duration"选项中设置"Gap"为 3.3mm（注：参考本章第 9.2.3 节的板料移动的操作步骤具体阐述，在此将板料继续向 X 轴负方向移动 120mm 的距离）。

9.2.17 第十六步"Dummy6"

按照第十三步同样的操作步骤添加第十六步。修改"Title"为"Dummy160"。单击"Tools"选项卡添加"punch"的几何模型为"STEEL11 96"、添加"die"的几何模型为"DIE11 97"，并删除"binder"选项卡。

单击"Process"选项卡。修改"Name"为"Moving"。在"Tool control"选项中设定"punch"速度为 1000mm/sec。"Duration"选项中设置"Type"为"Travel""Tool"为"punch"，"Displacement"为 18mm。最后将"drawing"删除（注：参考本章第 9.2.3 节的板料移动的操作步骤具体阐述，在此将板料继续向 X 轴负方向移动 120mm 的距离）。

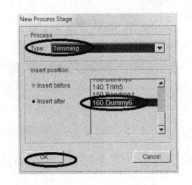

9.2.18 第十七步"Trim6"

在图 9-27 所示的"Sheet Forming"对话框中单击"New"按钮。按照如图 9-39 所示，设置参数并单击"OK"确认。　　图 9-39 "New Process Stage"对话框

最后一步可不修改"Title",即定为系统默认名称。单击"Process"选项卡,单击"Add"按钮,并修改"Mode"参数为"Pierce"弹出"Select Line"对话框。按照如图 9-40 所示选择黑色高亮的封闭线,单击"OK"确认。

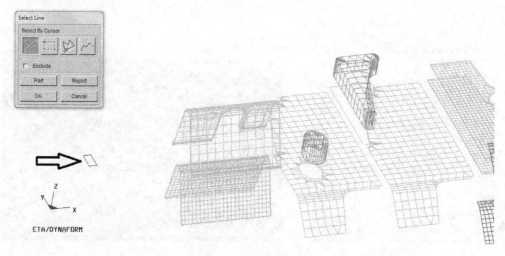

图 9-40 选择示意图

继续单击"Control"选项卡,勾选"Refining meshes along trimming curves"对话框。

9.2.19 工模具运动规律的动画模拟演示

在"Sheet forming"对话框中单击菜单栏"Preview/Animation"命令,弹出对话框,如图 9-41 所示,调整滑块"Frames/Second"适宜的数值,单击"Play"按钮,进行动画模拟演示。通过观察动画,可以判断工模具运动设置是否正确合理。单击"Stop"按钮结束动画,返回"Sheet Forming"对话框。

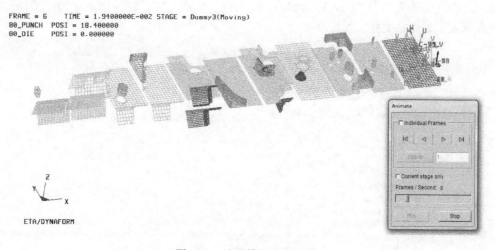

图 9-41 动画模拟演示设置

9.2.20 提交 LS-DYNA 进行求解计算

在提交任务给 LS-DYNA 求解器进行运算前,须先保存已经设置好的 df 格式文件,然后单击"Sheet Forming"对话框中的菜单栏"Job/Job submitter"命令，弹出"Submit job"对话框，如图9-42所示。最后单击"Submit"按钮开始提交任务进行分析计算，如图9-43所示。等运算完成后，可在DYNAFORM5.9软件的后处理模块中观察整个实例的数值模拟结果。

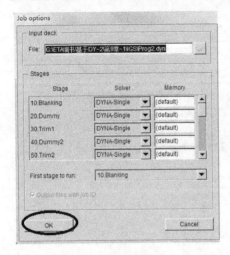

图 9-42 提交 LS-DYNA 求解器进行运算的设置   图 9-43 提交 LS-DYNA 进行求解运算

9.3 利用 eta/post 进行后处理分析

9.3.1 观察成形零件的变形过程

提交任务到 ls-dyna 完成分析运算后，在 DYNAFORM5.9 软件中单击菜单栏中的"Post Process/eta post"命令，进入后处理程序。在菜单中选择"File/Open"命令，浏览保存结果文件目录，修改文件类型为"ETA Multiple stage file (*.idx)"，如图9-44所示，选择文件后单击打开，读入运算结果文件，如图9-45所示。

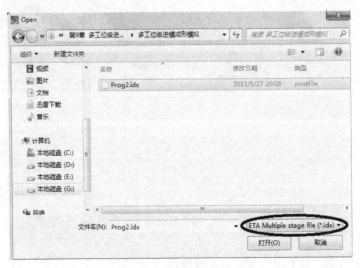

图 9-44 导入文件对话框

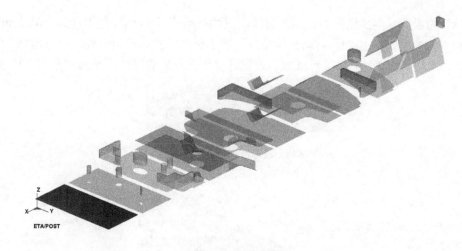

图 9-45　导入结果

　　单击菜单栏"Application/Multiple Stage Control"命令，弹出如图 9-46 所示对话框，修改"Show Tools"选项改为"Current"，只显示当前工步的工具。单击"Exit"退出多工步控制选项对话框。

　　单击"Frames"选项，在下拉菜单中选择"Select Cases"选项。如图 9-47 所示。该零件完成变形的所有步骤，用户可单击如图 9-47 所示的工步逐一观看变形过程。

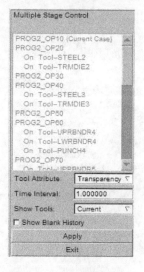

图 9-46　多工步控制选项　　　　　图 9-47　变形对话框

　　为了重点观察零件的成形状况，单击 ⬚ "Part Turn On/Off"按钮，关闭除了"Blank"外的所有工模具模型，然后单击 ▶ "Play"按钮，以动画形式显示整个变形过程。也可选择"Single Frame"，对针对零件成形过程中的单个时间步的变形状况进行具体观察。

9.3.2　观察成形零件的成形极限图及厚度分布云图

　　单击如图 9-48 所示各种按钮可观察不同的零件成形状况。例如：单击其中的 ⬇ "Forming Limit Diagram"按钮和 ⬦ "Thickness"按钮，即可分别观察成形过程中零件"Blank"的成形极限及厚度变化情况，如图 9-49 所示为零件"Blank"的成形极限图，如图 9-50 所示为零件"Blank"的板料厚度变化分布云图。同样可在"Frame"下拉列表框中选择"All Frames"，然后单击  "play"按钮，以动画模拟方式演示整个零件的成形过程，也可选择"Single Frame"，对过程中的某时间步进行观察，根据计算数据分析成形结果是否满足工艺要求。

图 9-48　成形过程控制工具按钮

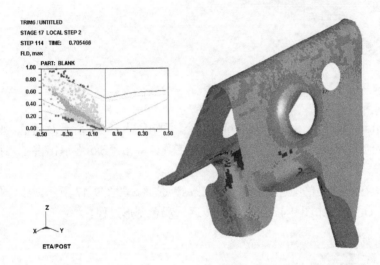

图 9-49　零件"Blank"成形极限图

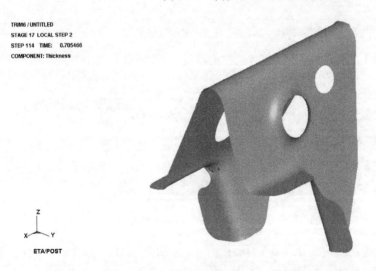

图 9-50　零件"Blank"的板料厚度变化分布云图

第10章

车用加强板热冲压成形模拟

为了较好地解决在冷冲压成形中采用高强钢成形所产生的汽车冲压构件的回弹以及模具的磨损等难题，在这种情况下产生了热成形高强度马氏体钢及相应的工艺成形技术，其应用在现代汽车制造业中取得了较大的发展。

汽车零件热冲压成形是将车用钢板（初始强度为 500～600MPa）加热至奥氏体状态，然后进行冲压，并同时以 20～300℃/s 的冷却速度进行淬火处理（保压一段时间以保证淬透），以获得具有均匀马氏体组织的高强钢构件的成形方式。目前热成形用钢有 4 种：Mn-B 系列、Mn-Mo-B 系列、Mn-Cr-B 系列、Mn-W-Ti-B 系列（B 钢的应用主要是为了提高钢板的淬透性）。进行汽车零件热冲压成形具有许多优点：

① 得到的是超高强度的车身零件；可以减轻车身重量；

② 能提高车身安全性、舒适性；

③ 改善了冲压成形性；提高了零件尺寸精度；

④ 可以提高焊接性、表面硬度、抗凹性和耐腐蚀性；降低成形对压力机吨位要求。

本章将对一种车用加强板零件进行热冲压成形为例，采用 DYNAFORM5.9 对其热冲压成形过程进行数值模拟。

10.1 导入模型并编辑零件名称

启动 DYNAFORM5.9 后，选择菜单栏"File/Import"命令，导入文件"thermal_case01.dat"，如图 10-1 所示。打开文件后，观察模型显示，如图 10-2 所示。

注意：DYNAFORM 系统默认的单位设置为 mm（毫米），ton（吨），sec（秒）和 N（牛顿）。

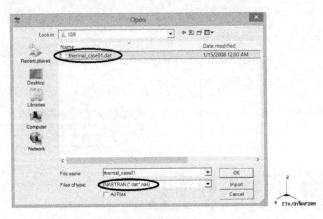

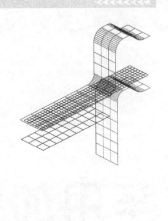

图 10-1　导入文件对话框　　　　　　　　　　图 10-2　导入的模型

10.2 | 自动设置

10.2.1 初始设置

在 DYNAFORM5.9 软件的菜单栏中选择"AutoSetup/Sheet Forming"命令，弹出"New Sheet Forming"对话框。根据如图 10-3 所示，进行初始设置，完成后单击"OK"按钮，弹出如图 10-4 所示的"Sheet Forming"对话框。

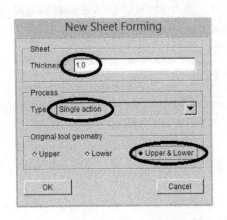

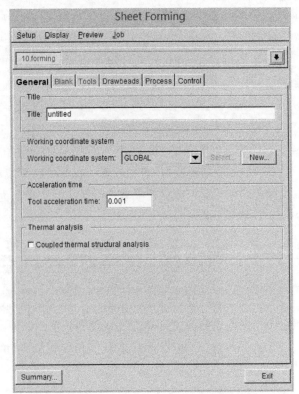

图 10-3　"New Sheet Forming"对话框设置　　　图 10-4　"Sheet Forming"对话框设置

10.2.2　定义板料零件"BLANK"

在如图 10-4 所示的"Sheet Forming"对话框中，单击"Blank"选项卡，单击"Define geometry"按钮，弹出如图 10-5 所示的"Blank generator"对话框，并单击"Add part"按钮，选择如图 10-6 所示的"P0000001"零件层，确认后返回如图 10-7 所示的"Blank generator"对话框，并一路退出。

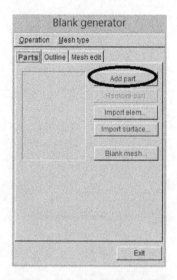
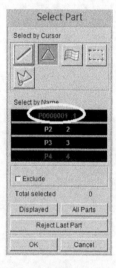
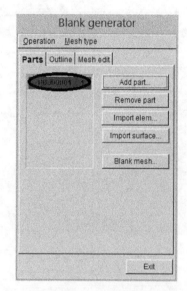

图 10-5　"Blank generator"对话框　　　图 10-6　"Blank"零件层　　　图 10-7　板料选择

在"Sheet Forming"对话框中，单击"DQSK"按钮，弹出"Material"对话框，选择"New"按钮，按照如图 10-8 所示选择 106 号热成形结构材料模型。弹出如图 10-9 所示板料力学性能参数设置对话框。

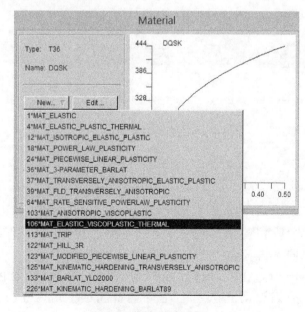
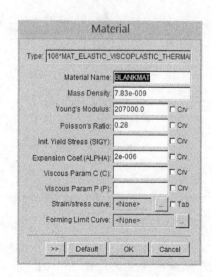

图 10-8　材料模型选择　　　　　　　　　　　图 10-9　材料参数设定

勾选图 10-8 中的"Young's Modulus"后的"Crv"方框选项，前呈现红色"None"，如图 10-10 所示。

单击"..."按钮，弹出如图 10-11 所示对话框，并单击"Import…"按钮，在弹出的选择对话框中选择名为"LCE-Young"的曲线，如图 10-12 所示。

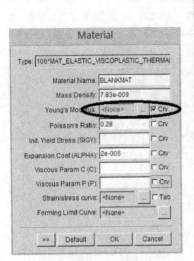

图 10-10　材料参数设定

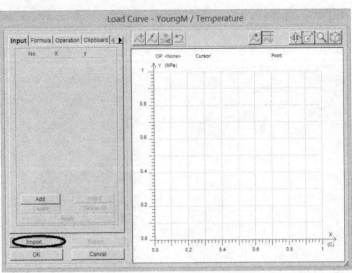

图 10-11　曲线载入对话框

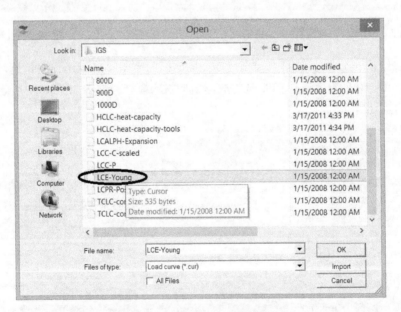

图 10-12　选择 LCE-Young 曲线

在图 10-12 所示的选择对话框中选择 LCE-Young 曲线后，单击"OK"按钮，导入的曲线如图 10-13 所示。单击"OK"确认返回"Material"对话框，如图 10-14 所示。

重复上述步骤，分别将"LCE-Possion"，"LCALPH-Expansion"，"LCC-C-scaled"，"LCC-P"依次添加到"Poisson's Ratio"，"Expansion Coef（ALPHA）"，"Viscous Param C（C）"，"Viscous Param P（P）"中去，结果如图 10-15 所示。

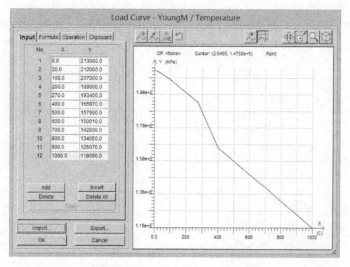

图 10-13　LCE-Young 曲线

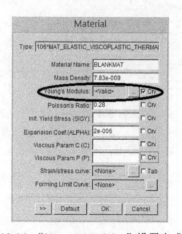

图 10-14　"Young's Modulus" 设置完成

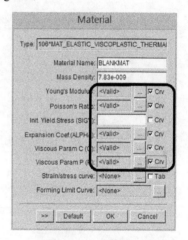

图 10-15　曲线载入结果

　　勾选图 10-15 中的"Tab"选项，并单击"Tab"前的按钮，弹出如图 10-16 所示的"TABLE"对话框，单击"Add"按钮，修改"Value"为 0，并单击"None"按钮，如图 10-17 所示。弹出"Load Curve"对话框，单击"Import"按钮，如图 10-18 所示，选择"0.cur"，单击导入，如图 10-19 所示。结果如图 10-20 所示。

图 10-16　"TABLE" 对话框

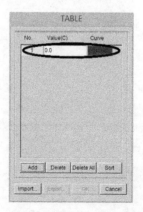

图 10-17　添加曲线对话框

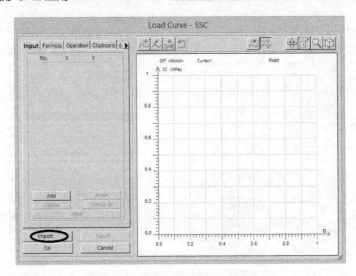

图 10-18　添加曲线对话框

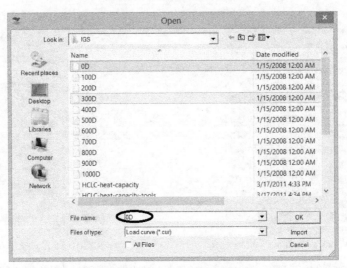

图 10-19　导入曲线选择对话框

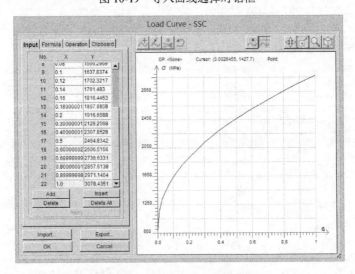

图 10-20　导入曲线完成对话框

重复上述操作，将"100D.cur"，"200D.cur"..."1000D.cur"分别导入相应的曲线表格中，并单击"OK"退出，如图 10-21 所示。

"TABLE"完成后一路退出回到"Sheet Forming"对话框，修改"Property"属性为 16 号全积分单元，如图 10-22 所示。单击"Symmetry"下的"Define"按钮，只打开 Blank 零件层，按照图 10-23 所示选择对称方式。至此定义板料零件"Blank"完成。

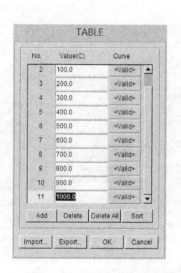

图 10-21 "TABLE"完成对话框

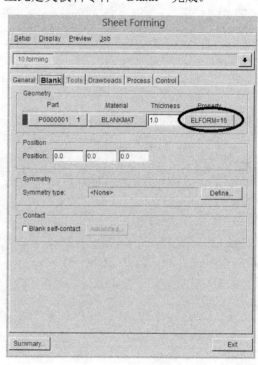

图 10-22 "Property"修改

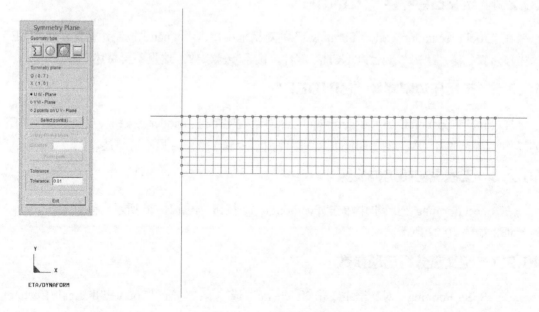

图 10-23 对称方式确定

10.2.3 定义凹模零件"DIE"

在"Sheet Forming"对话框中单击"Tools"选项卡中的"die"按钮,单击"Define geometry"按钮,如图 10-24 所示,即弹出"Tool Preparation(Sheet Forming)"对话框,单击"die"按钮,选择"Define Tool",单选"P3"后,零件"P3"呈黑色高亮显示,依次单击"OK"、"Exit"按钮,如图 10-25 所示,退回"Tool Preparation(Sheet Forming)"对话框。完成零件"DIE"的定义。

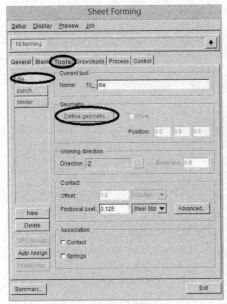
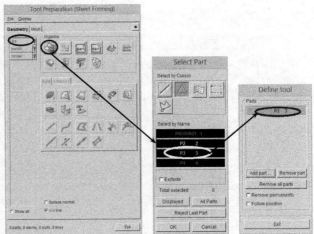

图 10-24 定义工具对话框   图 10-25 定义凹模

10.2.4 定义凸模零件"PUNCH"

在"Tool Preparation(Sheet Forming)"的对话框中单击"punch"按钮,重复零件"DIE"的操作步骤。添加"P2"到"PUNCH"零件,由于步骤一致,这里不再赘述。

10.2.5 定义压边圈零件"BINDER"

在"Tool Preparation(Sheet Forming)"的对话框中单击"binder"按钮,重复零件"DIE"的操作步骤。添加"P4"到"BINDER"零件由于步骤一致,这里不再赘述。

10.2.6 工模具初始定位设置

在"Sheet Forming"对话框中单击"Positioning…"按钮,如图 10-26 所示,弹出"Positioning"对话框,如图 10-27 所示。

10.2.7 定义热分析选项参数

在"Sheet Forming"对话框中单击"General"选项卡,勾选"Coupled thermal structural analysis"选项卡,添加热分析选项,出现"Thermal"的热分析选项卡,如图 10-28 所示。

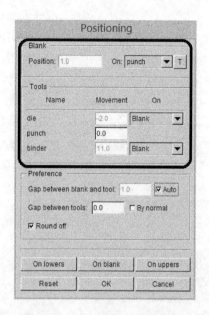

图 10-26　"Sheeting Forming"对话框　　　　图 10-27　"Positioning"参数设置

单击"Thermal"选项卡再单击"Blank"选项卡，单击"New"按钮，选择"6*MAT_THERMAL_ISOTROPIC_TD_LC"材料模型，弹出如图 10-29 所示的"Thermal Material"对话框，单击"..."按钮，将"HCLC-heat-capacity"，"TCLC-conductivity-scaled"分别添加到"Heat Capacity（HCLC）"，"Thermal Cond（TCLC）"中去。

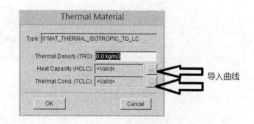

图 10-28　定义热分析选项卡示意　　　　图 10-29　"Thermal Material"对话框

单击"Tools"选项卡，重复上述步骤，将将"HCLC-heat-capacity-tools"，"TCLC-conductivity-tool-scaled"分别添加到"Heat Capacity（HCLC）"，"Thermal Cond（TCLC）"中去。

单击"Boundary"选项卡，按照图 10-30 所示的参数进行设置。保持热辐射系数为默认值（0.8*SBC 和 SBC=5.67E-11），保持热传导系数为默认值（5W/m2K）。

单击"Contact"选项卡，按照图 10-31 所示设置参数，将"Thermal conductivity"热导率定义为"40W/mK"，将"Radiation factor"辐射系数定义为 7.6SBC，将"Heat transfer coef"传热系数定义为 20W/m2K，最小和最大间隙设定为 0.001mm 和 0.5mm，选择"Two way"接触。

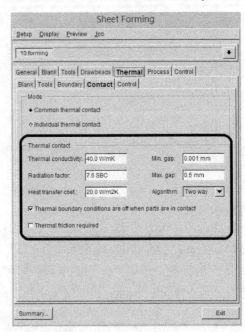

图 10-30 "Thermal Material"对话框   图 10-31 "Contact"参数设置

单击"Control"选项卡，按照图 10-32 所示设置参数。

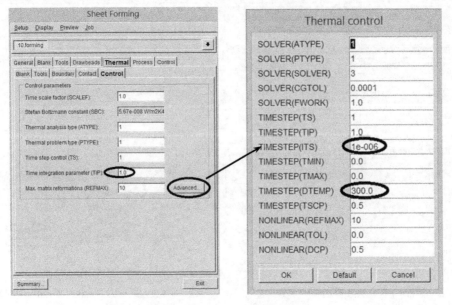

图 10-32 "Control"参数设置

10.2.8　工模具拉深行程参数设置

在"Sheet Forming"对话框中，单击"Process"选项卡，合模阶段"closing"设置按照图 10-33 所示，拉延阶段"drawing"设置按照图 10-34 所示。

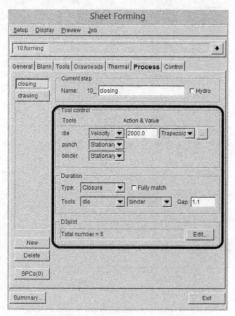

图 10-33　"closing"参数设置

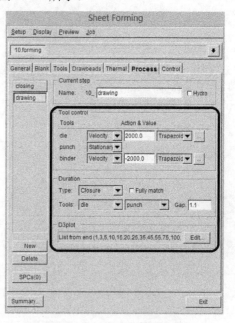

图 10-34　"drawing"参数设置

10.2.9　添加冷却工步

在 "Sheet Forming"对话框中单击 图标，在下拉菜单中单击 New... ，在弹出的"New Process Stage"对话框中，选择"Cooling"如图 10-35 所示。

可修改"Title"为 Cooling，如图 10-36 所示。

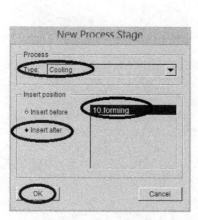

图 10-35　添加新工步

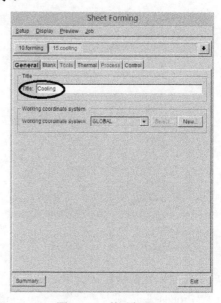

图 10-36　修改标题

单击"Tools"选项卡，点击如图 10-37 所示的新建按钮，创建工具 punch 和 binder。

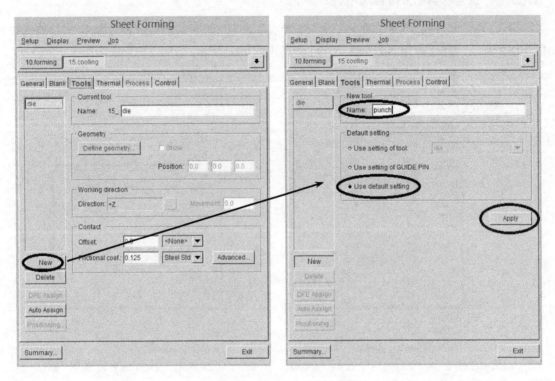

图 10-37 创建冷却工步工具

将"P3"，"P2"，"P4"分别添加到"die"，"punch"，"binder"中，系统会根据"P3"等工具的网格进行复制，弹出如图 10-38 所示的信息提示框，单击"Yes"确认复制。

单击"Positioning…"按钮，进行工具定位，如图 10-39 所示。

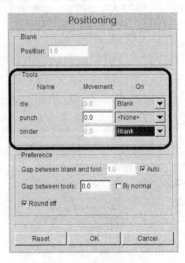

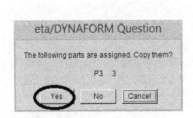

图 10-38 确认复制信息   图 10-39 "Positioning"参数设置

热成型参数设置参考前文设置。这里不再赘述。

单击"Process"选项卡，设置"Duration"参数为 1.0，如图 10-40 所示。

10.2.10　工模具运动规律的动画模拟演示

在"Sheet Forming"对话框中单击菜单栏"Preview/Animation"命令，弹出对话框，如图 10-41 所示，调整滑块"Frames/Second"适宜的数值，单击"Play"按钮，进行动画模拟演示。通过观察动画，可以判断工模具运动设置是否正确合理。单击"Stop"按钮结束动画，返回"Sheet Forming"对话框。

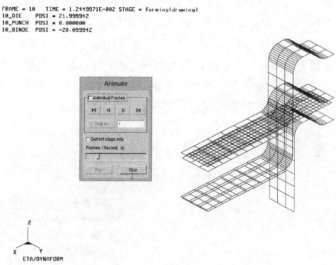

图 10-40　"Process"设置　　　　　　　　　图 10-41　动画模拟演示设置

10.2.11　提交 LS-DYNA 进行求解计算

在提交运算前，先保存已经设置好的文件。再在"Sheet Forming"对话框中单击菜单栏"Job/Job submitter"命令，弹出"Job options"对话框，如图 10-42 所示。单击"Submit"按钮开始计算，如图 10-43 所示。等待运算结束后，可在后处理模块中观察整个模拟结果。

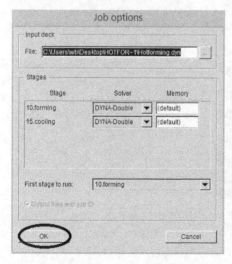

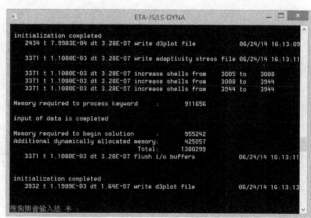

图 10-42　提交运算设置　　　　　　　　　图 10-43　提交 LS-DYNA 进行求解运算

10.3 利用 eta/post 进行后处理分析

10.3.1 观察成形零件的变形过程

完成分析运算后，在 DYNAFORM5.9 软件中单击菜单栏中的"Post Process/eta post"命令，进入后处理程序。在菜单中选择"File/Open"命令，浏览保存结果文件目录，选择"xxxx.idx"文件单击"Open"按钮，读入结果文件。为了重复观察零件"BLANK"的成形状况，单击 "Part Turn On/Off"按钮，关闭零件"DIE"、"BINDER"和"PUNCH"，只打开"BLANK"，并要"Frame"下拉列表框中选择"All Frames"选项，然后单击 "Play"按钮，以动画形式显示整个变形过程，单击"End"按钮结束动画。也可选择"Single Frame"，对过程中的某时间步的变形状况进行观察，如图 10-44 所示。

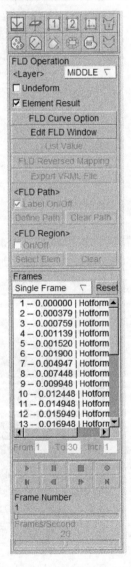

图 10-44　设置观察变形过程

10.3.2 观察成形零件温度等值云图

单击 ▦ 观察零件的等值温度云图。在"Contour Plot/Animation"下拉菜单中选择"Temperature"选项，关闭除了坯料以外的其他零件。如图 10-45 为零件成形后的等值温度云图，图 10-46 为零件冷却工步最后一帧的等值温度云图。

图 10-45　成形最后一帧的温度云图

图 10-46　冷却最后一帧的等值温度云图

CAE 分析实例详解（二）先进成形工艺模拟

第11章

半球形零件液压成形模拟

本章主要针对一种典型半球形零件——带凸缘的球形件进行相应的液压胀形模拟分析。该零件成形工艺为典型的板料液压胀形,目前板料液压胀形工艺是一项正在迅速发展中的新型板料冲压成形工艺。

11.1 板料液压胀形

随着现代工业的不断发展,产品的个性化生产呈明显发展趋势,致使零件的外形复杂程度日益增加,但成形零件生产的市场总需求量和生产周期却日益减少。冲压成形零件的生产逐渐向多品种、多规格、小批量方向发展。采用传统冲压成形工艺,因存在制模难度较大,生产成本较高,试模、调模周期较长等客观因素,使得人们迫切需要采用更加先进的冲压工艺以替代传统冲压工艺来组织实际生产,其中板料液压胀形是一种先进的现代冲压成形工艺。

板料液压胀形工艺是利用液体作为传力介质代替刚性凸模或凹模传递载荷,使板料在液体压力的作用下贴靠模具型腔以实现金属板料零件的成形。目前采用板料液压胀形工艺可以生产圆筒件、盒形件、典型复杂曲面零件以及汽车、飞机等覆盖件零件等。

与传统板料冲压成形相比,板料液压成形工艺具有以下优点:

① 仅需要制作一套模具的一半(凹模或凸模)。液体作为传力介质可以取代凹模或凸模来传递载荷,最终实现板料成形。这样不仅降低了模具制造成本,而且也缩短了生产周期。

② 显著提高了零件的成形质量和成形性能:采用板料液压成形工艺制造的零件一般具有质量轻、刚度好、尺寸精度高、承载能力强、残余应力低和表面质量好等优点。

③ 可成形复杂薄壳零件,减少中间工序,尤其适应一次成形工序内具有复杂形状的零件,甚至可以制造传统冲压工艺无法成形的零件,材料利用率较高。

④ 通过液压控制系统对液体介质进行控制,易于实现零件成形性能对成形工艺的要求,材料成形极限高,成形零件壁厚均匀。

⑤ 所采用的模具具有通用性,不同材质、不同厚度的坯料可以采用一副模具成形。

目前板料液压成形可分为主动式和被动式两大类,如图 11-1 和图 11-2 所示。主动式板料液压成形是将板料置于凹模之上,通过压边圈压边,同时对液室施加压力,促使金属板料贴靠凹模型腔而成形。被动式板料液压成形，则是将板料置于液室上方，压边圈下行压边，然后凸模下行拉深，同时液室施加压力，促使板料贴靠凸模外形轮廓而最终成形。

本章实例进行的计算机模拟试验采用了被动式板料液压成形方式，对球形零件进行成形模拟。

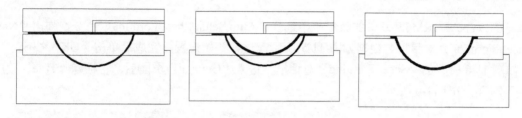

图 11-1　主动式板料液压成形工艺原理示意

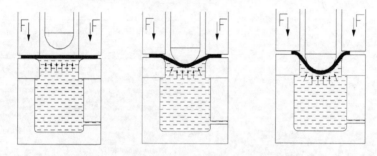

图 11-2　被动式板料液压成形工艺原理示意

11.2 导入模型编辑零件名称

启动 eta/DYNAFORM5.9 软件系统后，选择菜单"File/Import"，进入光盘相应章节文件夹，找到三个文件"QTZX_BLANK.igs"、"QTZX_DIE"和"QTZX_PUNCH.igs"。导入这三个文件后，观察模型显示，如图 11-3 所示。选择"Parts/Edit"菜单项，编辑修改各零件层的名称，编辑完成后如图 11-4 所示。本章实例采用 DYNAFORM5.9 软件系统默认的单位设置：mm（毫米），ton（吨），sec（秒）和 N（牛顿）。

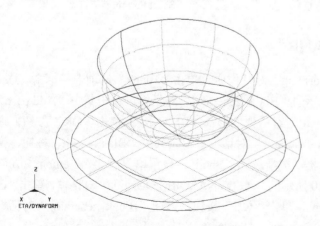

图 11-3　导入的 CAD 模型

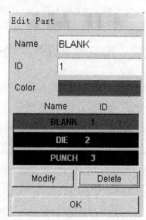

图 11-4　零件编辑对话框

11.3 | 自动设置

11.3.1 初始设置

在 DYNAFORM5.9 软件的菜单栏中选择"Auto Setup/Sheet Forming"命令,弹出"New Sheet Forming"对话框。根据如图 11-5 所示,进行初始设置,完成后单击"OK"按钮,弹出如图 11-6 所示的"Sheet Forming"对话框。进入"General"页面后,将标题"Title"改成"QTZX",如图 11-6 所示。

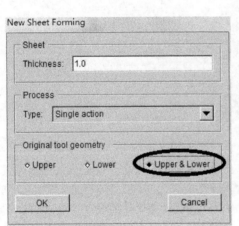

图 11-5 "New Sheet Forming"对话框设置

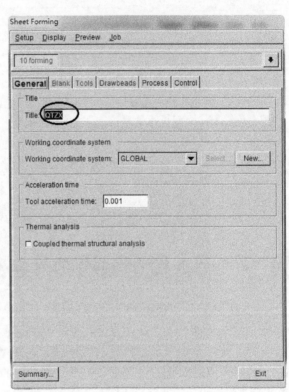

图 11-6 "Sheet Forming"对话框设置

11.3.2 定义板料零件"BLANK"

在如图 11-6 所示的"Sheet Forming"对话框中,单击"Blank"选项卡,单击"Define geometry"按钮,弹出如图 11-7 所示的"Blank generator"对话框,单击其中"Add part..."按钮,弹出图 11-8 所示的"Select Part"对话框,选择"BLANK",单击"OK"按钮,退出"Select Part"对话框,返回"Blank generator"对话框,单击其中"Blank mesh"按钮,弹出图 11-9 所示的"Blank mesh"对话框,类型选择"Shell",设置单元尺寸"Element Size"为3,单击"OK"按钮,弹出如图 11-10 所示的"eta/DYNAFORM Question"对话框,单击"OK"按钮,返回到"Blank mesh"对话框,单击"OK"按钮,返回"Blank generator"对话框,单击其中"Mesh edit"菜单的 ⊞ "Boundary Display"工具按钮,进行单元网格轮廓边界检

查，如图 11-11 所示。若经过检查后无缺陷，则单击工具栏中的 ✏ "Clear Highlight"，将零件外轮廓边界的黑色高亮部分清除。单击 "Exit" 按钮，返回到 "Sheet Forming" 对话框。

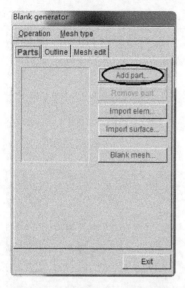 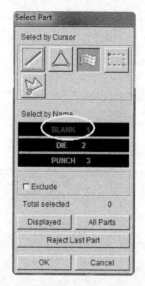 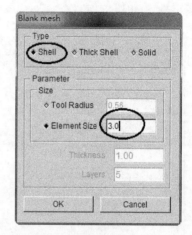

图 11-7　"Blank generator" 对话框　　图 11-8　"Select Part" 对话框　　图 11-9　"Blank mesh" 对话框

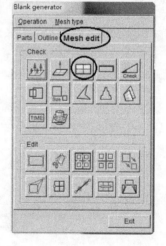

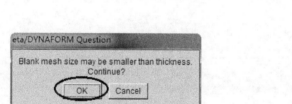

图 11-10　"eta/DYNAFORM Question" 对话框　　　图 11-11　"Blank generator" 对话框中 "Mesh edit"

单击 "Material" 中的 "BLANKMAT" 按钮，弹出 "Material" 对话框，单击其中 "Material Library…"，进行毛坯材料的选择，如图 11-12 所示，试验材料为 "DQSK(36)"，单击 "OK" 按钮，返回 "Sheet Forming" 对话框，如图 11-13 所示。完成毛坯材料属性的定义。

11.3.3　定义凹模零件 "DIE"

单击图 11-6 中的 "Sheet Forming" 对话框中 "Tools" 选项卡中的 "die" 按钮，单击其中的 "Define geometry" 按钮，如图 11-14 所示，即弹出 "Tool Preparation（Sheet Forming）" 对话框，再单击 "die" 按钮，选择 "Define Tool"，接着点选 "DIE" 后，凹模零件 "DIE" 呈高亮显示，依次单击 "OK"、"Exit" 按钮，如图 11-15 所示，回到 "Tool Preparation（Sheet

Forming)"对话框。单击"Sheet Forming"对话框中的"mesh"按钮，然后选择 "Surface Mesh"按钮，弹出"Surface Mesh"对话框，设置相关网格参数，建立的最大网格尺寸为 20mm，其他网格几何尺寸保持系统缺省值，在新的对话框中依次单击"Apply"按钮、"Yes"按钮和"Exit"按钮，回到"Tool Preparation（Sheet Forming）"对话框，如图 11-16 所示，即完成凹模零件"DIE"的定义。

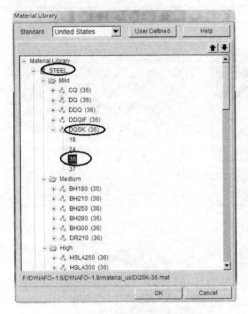

图 11-12 定义材料对话框

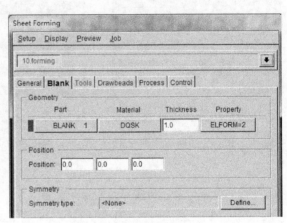

图 11-13 毛坯定义对话框

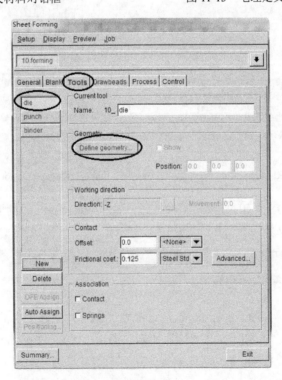

图 11-14 定义工具

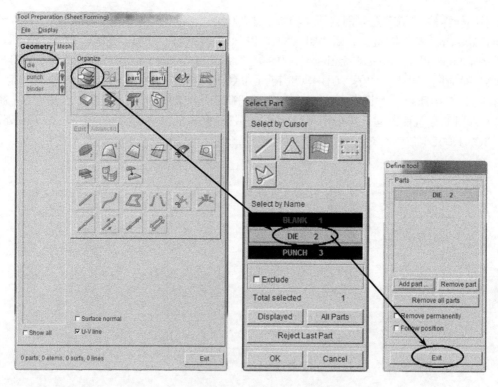

图 11-15 定义凹模"DIE"

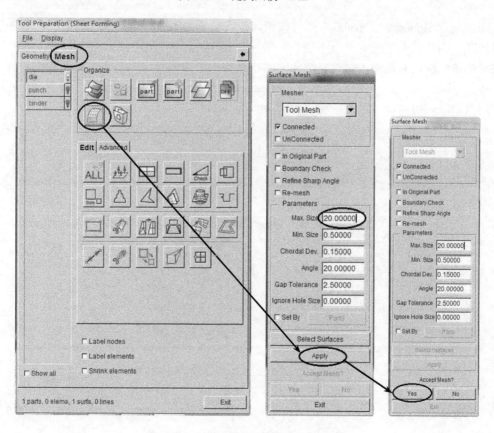

图 11-16 凹模零件的网格划分步骤示意

　　对凹模零件 "DIE" 进行网格质量检查。在 "Tool Preparation（Sheet Forming）" 中单击 　
"Parts Turn On/ Off" 按钮，关闭 "BLANK，PUNCH"，打开 "DIE"，单击 "OK" 按钮，单击 "Tool Preparation（Sheet Forming）" 中的 　 "Auto Plate Normal" 按钮，弹出 "CONTROL KEYS" 对话框，单击其中的 "CURSOR PICK PART" 选项，选择零件 "DIE" 面上一点，弹出如图 11-17 中所示的对话框，单击 "Yes" 按钮确定法线的方向，法线方向的设置总是指向工具与坯料的接触面方向。单击 "OK" 按钮完成网格法线方向的检查。单击 "Exit" 按钮退出 "CONTROL KEYS" 对话框，回到 "Tool Preparation（Sheet Forming）" 对话框。

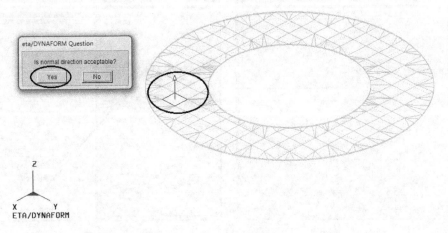

图 11-17　对零件 "DIE" 进行网格法线方向检查

　　单击 　 "Boundary Display" 工具按钮，进行边界检查时，通常只允许零件的外轮廓边界呈黑色高亮，其余部位均保持不变。如果其余部分的网格有黑色高亮显示，则说明在黑色高亮处的单元网格有缺陷，须对有缺陷的网格进行相应的修补或重新进行单元网格划分。在观察零件 "DIE" 的边界线显示结果时，所得结果如图 11-18 所示。完成边界检查后，若网格边界没有缺陷，可单击工具栏中的 　 "Clear Highlight"，将高亮显示部分清除。

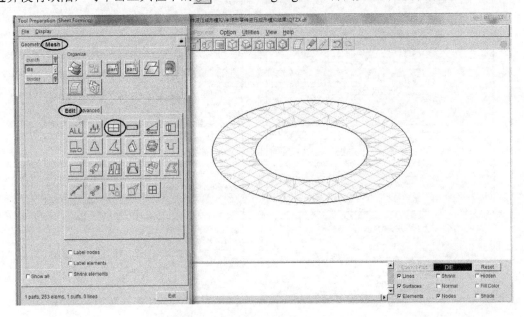

图 11-18　对零件 "DIE" 进行边界检查

11.3.4　定义凸模零件"PUNCH"

　　用相同的设置方法对凸模"PUNCH"进行相应的添加零件和单元网格划分（网格尺寸和凹模一样），网格划分完之后，进行单元网格轮廓边界和法线方向的检查，如图 11-19 所示。若经过检查后无缺陷，则单击工具栏中的 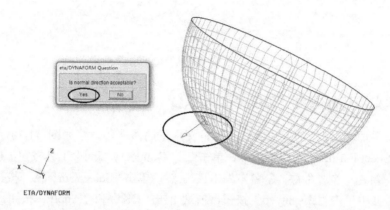 "Clear Highlight"，将零件外轮廓边界的高亮显示部分清除。

图 11-19　对零件"PUNCH"进行边界和法线方向检查

11.3.5　定义压边圈零件"BINDER"

　　在"Tool Preparation（Sheet Forming）"对话框中单击"binder"按钮，单击 "Part Turn On/ Off"按钮，只打开"DIE"，单击"OK"按钮。单击"Copy Elem…"按钮，弹出"Copy elements"对话框，单击"select…"按钮弹出"Select Elements"对话框，如图 11-20 所示，单击"Displayed"，零件 DIE 呈黑色高亮显示，如图 11-21 所示，单击"OK"按钮，退出"Select Elements"对话框，单击"Apply"按钮后，依次单击"Exit"按钮，直至返回"Sheet Forming"对话框，完成压边圈零件"BINDER"的定义，如图 11-22 所示。

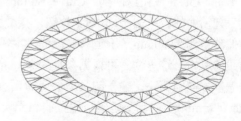

图 11-20　"Select Elements"对话框　　　　图 11-21　选择零件"DIE"

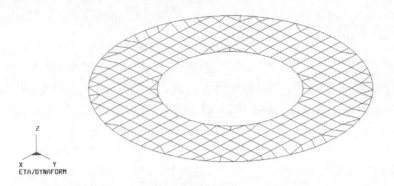

图 11-22　完成压边圈零件"BINDER"的定义

11.3.6　定义压延筋零件"DRAWBEAD"

选择凹模零件"DIE"的外轮廓线，为定义压延筋做准备。在如图 11-18 所示的"Tool Preparation（Sheet Forming）"对话框中，单击 "Boundary Line" 工具按钮，选择"In New Part"复选项，新建一个零件层，命名为"LINE"。然后单击"Select Surfaces"按钮，在"Select Surface"对话框中单击"Displayed"按钮，依次单击"OK"和"Apply"按钮，创建"DIE"的外轮廓线，如图 11-23 所示。

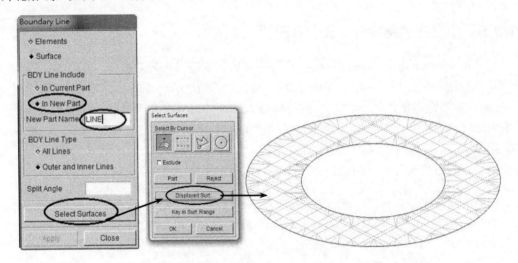

图 11-23　提取边界线示意图

在图 11-6 的"Sheet Forming"对话框中选择"Drawbeads"选项，单击"Define…"按钮，即弹出"Curve Editor"对话框，单击"Select Line"，选择已提取的边界线内圆，如图 11-24 所示，单击"OK"按钮返回到"Curve Editor"对话框。由于采用等效压延筋，且须定义多条等效压延筋曲线，单击"Offset"按钮，接受默认的偏置曲线，在"Offset Curve"对话框中输入偏移距离为-30mm（压延筋的位置设定需要结合压延筋的工艺计算及设计经验，以及模拟结果的反馈，这里读者可根据参数为 30mm 时零件成形结果来自行调整压延筋的位置，并根据偏置方向箭头决定输入的具体数值的正负号）如图 11-25 所示。单击"OK"按钮，返回"Sheet Forming"对话框，确认偏置曲线无误后单击"Apply"按钮，"Drawbeads"颜色由蓝色变为黑色，如图 11-26 所示，在"Sheet Forming"对话框中对"Drawbeads"进行参数设置，如图 11-27 所示，单击"OK"完成对压延筋零件"DRAWBEAD"的定义。

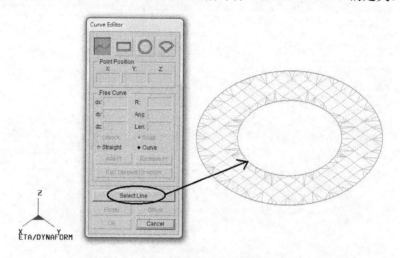

图 11-24 选取拉延筋线

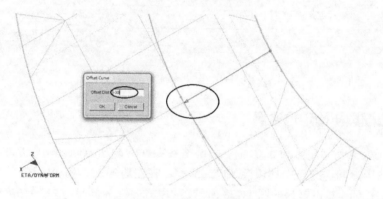

图 11-25 设置偏置曲线距离

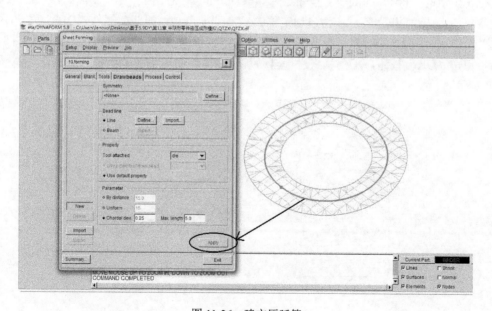

图 11-26 建立压延筋

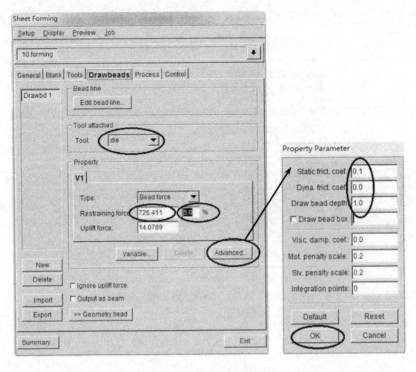

图 11-27　压延筋参数设置

11.3.7　工模具初始定位设置

在进行工模具初始定位设置之前，先调整各零件的冲压方向。由于是单动，只要设置 "punch" 的冲压方向，当前工具切换到 "punch"，在左边的工具列表中选择 "punch"，然后在界面上单击按钮 ，设置为如图 11-28 所示，冲压方向为 Z 向负方向。单击 "Sheet Forming" 对话框左下角的 "Positioning…" 按钮进入 "Positioning" 对话框。在 "Blank" 栏的 "On：" 下拉菜单中点选 "DIE" 零件作为自动定位的参考基准工具，即凹模零件 "DIE" 固定不动。勾选 "On Blank" 复选框，对所有的工具和板坯进行自动初始定位设置。这个设置如图 11-29 所示，单击 "OK" 按钮，工模具将进行自动初始定位，如图 11-30 所示。

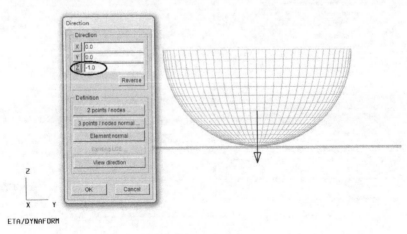

图 11-28　调整冲压方向

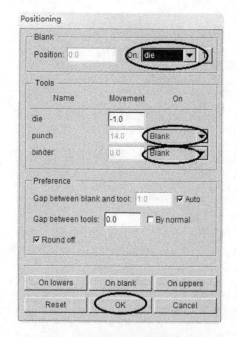

图 11-29　工具定位对话框

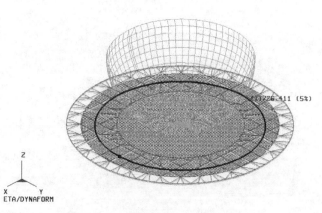

图 11-30　自动初始定位后的工模具模型

11.3.8　工模具拉深工艺参数设置

在"Sheet Forming"对话框中单击"Process"选项卡，当前选择为"Single Action"（单动冲压），系统默认产生两个工序，一个闭合工序"closing"，另外一个是拉深成形工序"drawing"。本次模拟试验仅进行"drawing"拉深工序设置，点选"drawing"工序，进行"drawing"工序设置，如图 11-31 所示，选择"Hydro"复选框，在"Tool Control"中进行"die"，"punch"和"binder"工具零件的运动控制参数设置，在"Hydro

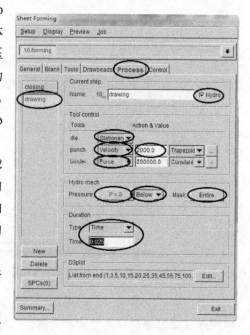

mech"下拉列表中选择"Below"选项。这表示液体压力将作用在毛坯下面，采用的是被动式板料液压胀形方式进行模拟。在"Duration"选择"type"为液压持续时间类型为"Time"，输入值"0.025（s）"。设定液体压力，单击"P=0"按钮，在弹出的"Hydro Mech"对话框中选择控制方式为"Time variable"，然后单击"Edit..."按钮定义压力曲线，如图 11-32 所示。在弹出的"Load Curve"对话框中设置相应的曲线坐标值，设置完成后，单击"Apply"按钮，如图 11-33 所示。单击图 11-31 所示的"Mask"选项的"Entire"按钮，定义受到液压力作用的板料边界，在弹出的"Mask"对话框中选择"Inside"选项，并设置投影方向为"dz"。单击"Input Lns..."按钮，使用选择线功能定义"Mask"的边界，选择所提取边界线的内圆，如图 11-34 所示。工序设置完成后，

图 11-31　设置"drawing"对话框

如图 11-35 所示。

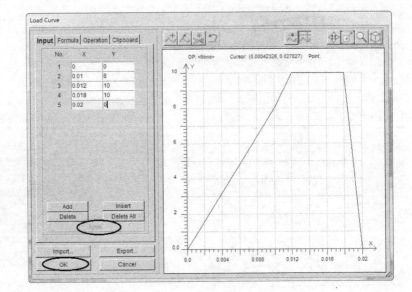

图 11-32　选择压力控制方式　　　　　　　　图 11-33　压力控制坐标点

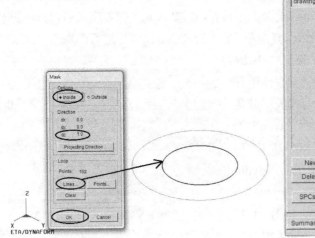

图 11-34　定义 Mask

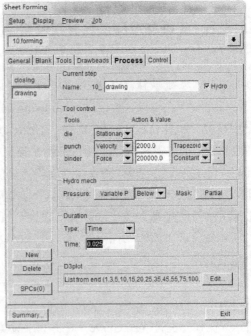

图 11-35　完成拉深"drawing"工序的工艺参数设置

11.3.9　工模具运动规律的动画模拟演示

在如图 11-31 所示"Sheet Forming"对话框中单击菜单栏"Preview/Animation"命令，弹出对话框，如图 11-36 所示，调整滑块"Frames/Second"适宜的数值，单击"Play"按钮，进行动画模拟演示。通过观察动画，可以判断工模具运动设置是否正确合理。单击"Stop"按钮结束动画模拟，返回"Sheet Forming"对话框。

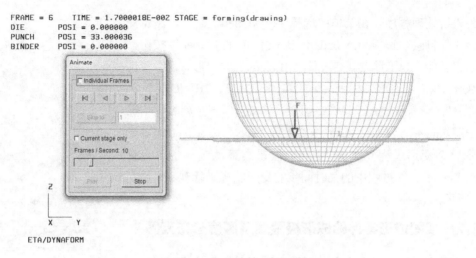

图 11-36　工模具运动动画模拟演示

11.3.10　提交 LS-DYNA 进行求解计算

　　在提交任务给 LS-DYNA 求解器进行运算前，需先保存已经设置好的"df"格式文件，再单击"Sheet Forming"对话框中的菜单栏"Job/Job submitter"命令，即弹出"Submit job"对话框，如图 11-37 所示。然后单击"Submit"按钮开始计算，计算对话框，如图 11-38 所示。等待运算完成后，可在 dynaform59 软件的后处理模块中观察整个模拟试验结果。

图 11-37　任务提交 ls-dyna 求解器的对话框　　　　图 11-38　ls-dyna 求解器进行计算的对话框

11.4　利用 eta/post 进行后处理分析

11.4.1　观察成形零件的变形过程

　　完成分析运算后，在 DYNAFORM5.9 软件中单击菜单栏中的"Post Process/eta post"命令，进入后处理程序。在菜单中选择"File/Open"命令，浏览保存结果文件目录，选择"xxxx.d3plot"文件单击"Open"按钮，读入结果文件。为了重点观察零件"BLANK"的成形状况，单击 "Part Turn On/Off"按钮，关闭零件"DIE"、"BINDER"和"PUNCH"，只打开"BLANK"，并要"Frame"下拉列表框中选择"All Frames"选项，然后单击 ▶ "Play"按钮，以动画形式显示整个变形过程，单击"End"按钮结束动画。也可选择"Single Frame"，对过程中的某时间步的变形状况进行观察，如图11-39所示。

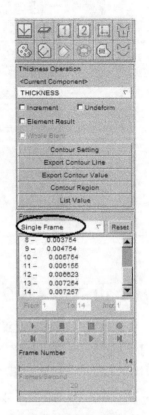

图11-39　设置观察变形过程

11.4.2　观察成形零件的成形极限图及厚度分布云图

单击如图11-40所示各种按钮可观察不同的零件成形状况，例如单击其中的 "Forming Limit Diagram"按钮和 "Thickness"按钮，即可分别观察成形过程中零件"BLANK"的成形极限及厚度变化情况，如图11-41所示为零件"BLANK"的成形极限图，如图11-42所示为零件"BLANK"的板料厚度变化云图。同样可在"Frame"下拉列表框中选择"All Frames"，然后单击 ▶ "Play"按钮，以动画模拟方式演示整个零件的成形过程，也可选择"Single Frame"，对过程中的单个时间步进行结果观察，根据计算数据分析成形结果是否满足工艺要求。

图11-40　成形过程控制工具按钮

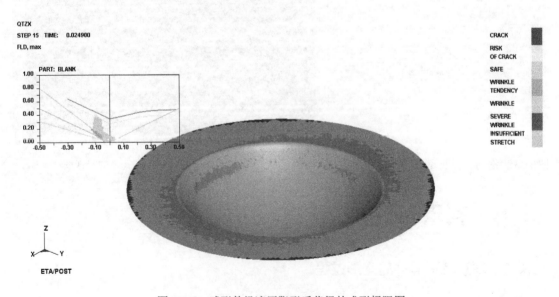

图11-41　球形件经液压胀形后获得的成形极限图

QTZX
STEP 15 TIME: 0.024900
COMPONENT: Thickness

图 11-42　球形件经液压胀形后获得的板料厚度分布云图

第12章

T形管件液压胀形模拟

本章主要针对一种典型 T 形管零件进行管件液压胀形计算机模拟分析。金属管件液压胀形工艺是目前国内外正在迅速发展中的一种新型金属冲压成形工艺。

12.1 管件液压胀形

管件液压胀形是一种以液体为传力介质，利用液体压力和轴向推力的共同作用使管坯变形成为具有三维形状的零件的柔性加工成形工艺，其成形原理如图 12-1 所示，将液体介质充入金属管材毛坯的内部，产生超高压，由轴向冲头对管坯的两端密封，并且施加轴向推力进行补料，两者配合作用使管坯产生塑性变形，最终与模具形腔内壁贴合，得到形状与精度均符合技术要求的中空零件由于管材液压胀形的成形压力高达数百兆帕，所以又称为内高压成形 IHPF（Internal High Pressure Forming）；它可以一次成形出截面形状沿轴线变化的复杂零件，对于轴线为曲线的零件，应先在数控弯管机上对管坯进行预弯曲，加工成近似的形状后再进行液压胀形。

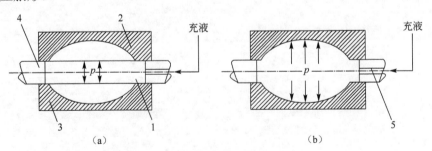

图 12-1　管件液压胀形的成形原理示意图

1—管配；2—上模；3—下模；4,5—冲头

与传统的冲压工艺特点相比，管材液压胀形由于使用的模具数量较少且能一次成形，因此能够节约材料，降低成形费用；零件的成形精度高，表面质量好，材料刚度和强度成形后

也有显著提高。目前国外一些先进的汽车制造企业已将此项先进冲压成形技术应用于中空变截面轻量化构件的设计和制造，例如：汽车排气系统、非圆截面空心框架（如副车架、仪表盘支架）、车身框架总成零件、空心轴类零件、复杂管件等。

本次将采用一种典型的 T 形管进行管件液压胀形模拟，使圆形截面的管件通过液压胀形形成局部中空非圆变截面管件。

12.2 导入模型编辑零件名称

启动 DYNAFORM5.9 后，选择菜单栏"File/Import"命令，导入五个文件："deck1.igs"、"deck2.igs"、"lowdie.igs"、"tube.igs"、"updie.igs"，如图 12-2 所示。依次导入上述文件，再单击"取消"按钮，完成文件导入，并退出文件导入对话框，选择"Parts/Edit"菜单项，编辑修改各零件层的名称，完成后如图 12-3 所示。本章实例采用 DYNAFORM5.9 软件系统默认的单位设置：mm（毫米），ton（吨），sec（秒）和 N（牛顿）。

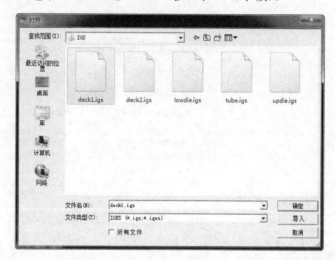

图 12-2　导入 deck1.igs，deck2.igs，lowdie.igs，tube.igs，updie.igs 文件

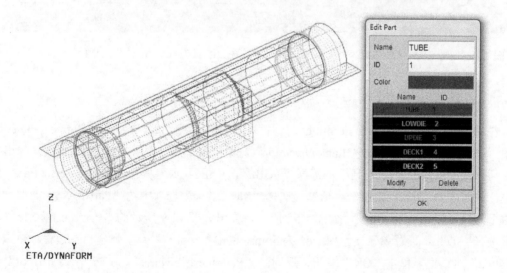

图 12-3　导入"igs"格式文件后生成 CAD 模型及编辑零件名称

12.3 自动设置

12.3.1 初始设置

在 DYNAFORM5.9 软件的菜单栏中选择"AutoSetup/Tube Forming"命令,弹出"New Tube Forming"对话框。根据如图 12-4 所示,进行初始设置,完成后单击"OK"按钮,弹出如图 12-5 所示的"Tube Forming"对话框。

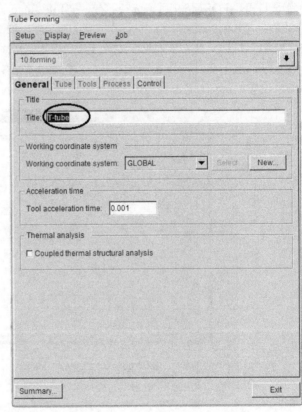

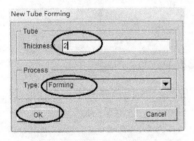

图 12-4 "New Tube Forming"对话框   图 12-5 "Tube Forming"对话框

12.3.2 定义零件"Tube"

在如图 12-5 所示的"Tube Forming"对话框中,单击"Tube"选项卡,单击"Define geometry"按钮,弹出如图 12-6 所示的"Blank generator"对话框,单击其中"Add part"按钮,弹出图 12-7 所示的"Select Part"对话框,选择"TUBE",单击"OK"按钮,退出"Select Part"对话框,返回"Blank generator"对话框,选择"Mesh type"选项中的"Part mesh"类型,单击右下角的"Part mesh"按钮,如图 12-8 所示,弹出如图 12-9 所示的"Part mesh"对话框,类型选择"Shell",设置单元尺寸"Size"为 5mm,单击"Apply"按钮,弹出"eta/DYNAFORM Question"对话框,单击"OK"按钮,返回到"Part mesh"对话框,单击"Yes""Exit"按钮,返回"Blank generator"对话框。

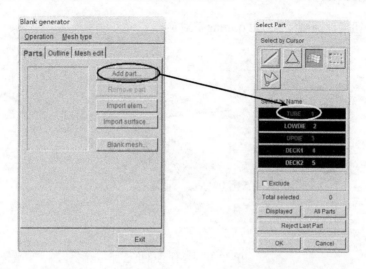

图 12-6 "Blank generator"对话框　　　　图 12-7 "Select Part"对话框

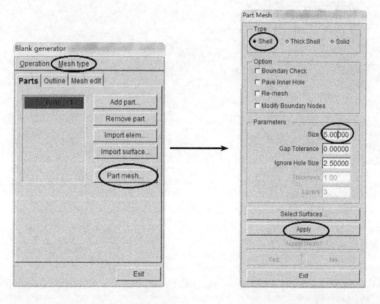

图 12-8 选择"Part mesh"类型　　　　图 12-9 "Part mesh"对话框

单击按钮弹出"Part Turn On/Off"对话框，打开零件"TUBE"，将其余零件全部关闭，单击其中"Mesh edit"菜单的"Boundary Display"工具按钮，进行单元网格轮廓边界检查，进行边界检查时，通常只允许零件的外轮廓边界呈高亮，其余部位均保持不变。如果其余部分的网格有高亮显示，则说明在高亮处的单元网格有缺陷，须对有缺陷的网格进行相应的修补或重新进行单元网格划分。在观察零件"TUBE"的边界线显示结果时，所得结果如图 12-10 所示，管壁有高亮显示，说明有网格缺陷，要进行网格修补或者重新划分。单击"Mesh edit"菜单的"Gap repair"工具按钮，弹出"Select Element"对话框，如图 12-11所示，选择"Displayed"、"OK"弹出如图 12-12 所示的"eta/DYNAFORM Question"对话框，单击"Yes"按钮，返回"Blank generator"对话框，单击主菜单上的按钮删除自由节点，再次单击"Mesh edit"菜单的"Boundary Display"工具按钮，结果显示如图 12-13，经过检查后无缺陷，则单击工具栏中的"Clear Highlight"，将零件外轮廓边界的高亮部分清除。

单击"Exit"按钮，返回到"Tube Forming"对话框。

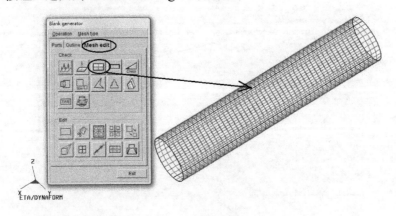

图 12-10　零件网格检查

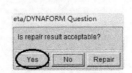

图 12-11　"Select Element"对话框　　图 12-12　"eta/DYNAFORM Question"对话框

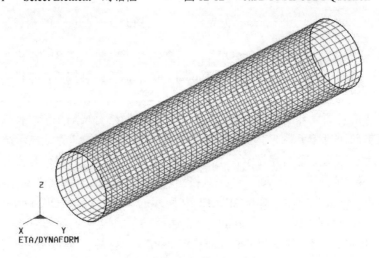

图 12-13　零件网格修补后的检查结果

单击"Material"中的"BLANKMAT"按钮,弹出"Material"对话框,单击其中"Material Library..." ,进行毛坯材料的选择,如图 12-14 所示,试验材料为"HSLA400",单击"OK"按钮,返回"Tube Forming"对话框,如图 12-15 所示,完成毛坯材料属性的定义。

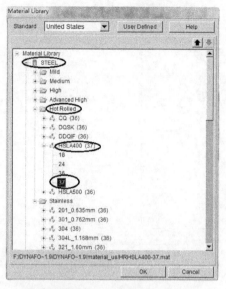

图 12-14 定义材料对话框

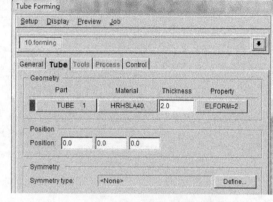

图 12-15 毛坯定义对话框

12.3.3 定义工模具零件

在"Tube Forming"对话框中单击"Tools"选项按钮,如图 12-16 所示。再单击"New"按钮后,在如图 12-17 对话框中添加零件"deck1",选择"Use default setting"按钮,单击"Apply"。重复此步骤创建零件"deck2",添加零件"deck2"的设置有所不同,请根据图 12-18 选择"Use setting of tool",选择"deck1"零件,单击"Apply"。

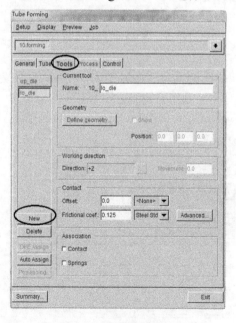

图 12-16 对工模具零件进行定义

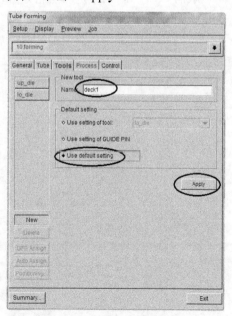

图 12-17 定义零件"deck1"

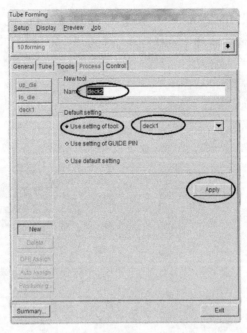

图 12-18 定义零件 "deck2"

对工模具进行分别定义：单击"up-die"，单击"Define geometry"，即弹出"Tool Preparation（Tube Forming）"对话框，单击"up-die"按钮，选择"Define Tool"，点选"UPDIE"后，零件"UPDIE"呈黑色高亮显示，依次单击"OK"、"Exit"按钮，如图 12-19 所示，退回"Tool Preparation（Tube Forming）"对话框。单击"Tube Forming"对话框中的"Mesh"按钮，然后选择 "Surface Mesh"按钮，弹出"Surface Mesh"对话框，设置参数（建立的最大网格尺寸为 5mm，其他几何尺寸保持缺省值），在新的对话框中依次单击"Apply"按钮、"Yes"按钮、"Exit"按钮退回到"Tool Preparation（Tube Forming）"，如图 12-20 所示。请根据相同步骤对"deck1"和"deck2"进行网格划分，在此不赘述。

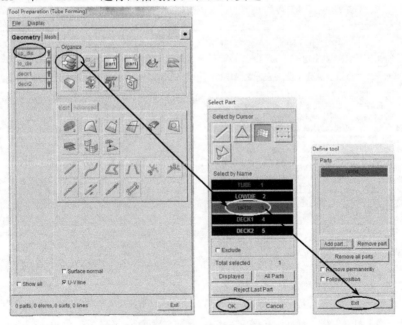

图 12-19 添加上模过程

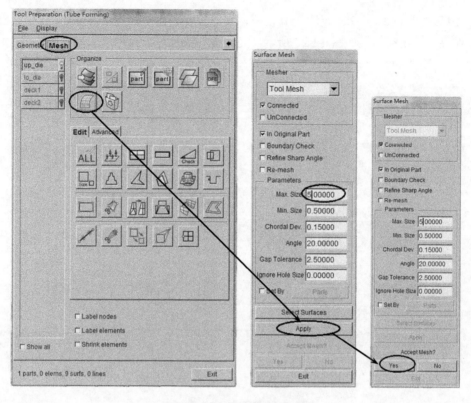

图 12-20　上模划分网格过程

对上模进行网格检查，在"Tool Preparation（Tube Forming）"中单击 "Part Turn On/Off"按钮，只打开"UPDIE"，关闭其他零件，单击"OK"按钮，单击"Tool Preparation（Tube Forming）"中的 "Auto Plate Normal" 按钮，弹出 "CONTROL KEYS" 对话框，单击其中的 "CURSOR PICK PART" 选项，选择零件 "UPDIE" 凸缘面上一点，弹出如图 12-21 中所示的对话框，单击 "Yes" 按钮确定法线的方向，法线方向的设置总是指向工具与坯料的接触面方向。单击 "OK" 按钮完成网格法线方向的检查。单击 "Exit" 按钮退出 "CONTROL KEYS" 对话框回到 "Tool Preparation（Tube Forming）" 对话框。

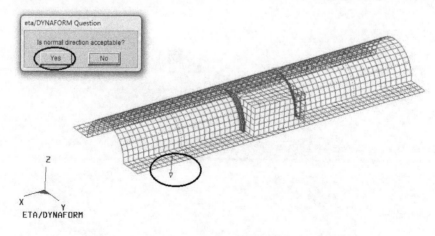

图 12-21　对零件 "UPDIE" 进行网格法线方向检查

单击 ⊞ "Boundary Display" 工具按钮，进行边界检查。在观察零件"UPDIE"的边界线显示结果时，所得结果如图 12-22 所示。完成边界检查后，若网格边界没有缺陷，可单击工具栏中的 ✐ "Clear Highlight"，将黑色高亮部分清除。完成零件"UPDIE"的定义。

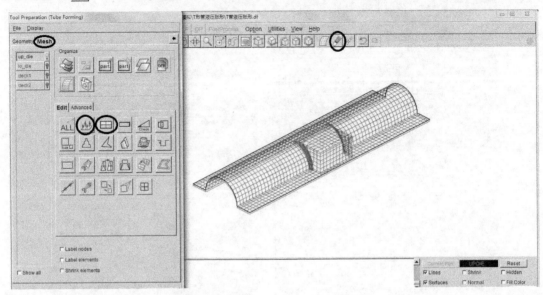

图 12-22　对零件"UPDIE"进行边界检查

重复此步骤，将所有工模具零件依次对应选择，"lo_die"对应"LOWDIE"，"deck1"对应"DECK1"，"deck2"对应"DECK2"。选择工具栏中的 ✐ "parts Turn On/Off" 按钮，将零件"UPDIE"关闭，打开零件"LOWDIE"，其余零件仍保持关闭状态，对"LOWDIE"重复零件"UPDIE"的单元网格划分及检查工作，其他所有零件都依次进行操作，全部零件的单元网格划分和网格检查完毕后，单击"Exit"按钮，返回到"Tube Forming"对话框，网格模型显示如图 12-23 所示。根据相同步骤检查"Deck1"和"Deck2"的网格质量，但需要提醒注意的是，单击"Auto Plate Normal"按钮进行"Deck1"和"Deck2"网格矢量方向检查时，网格矢量的方向是箭头指向外。

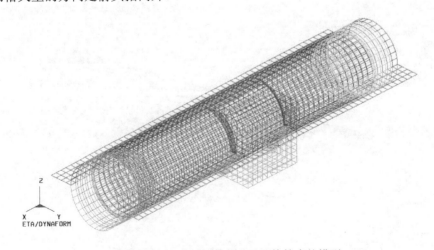

图 12-23　完成网格划分及网格检查的模型

12.3.4　工模具初始定位设置

在进行工模具初始定位设置之前，先调整各零件的冲压方向。当前工具切换到"UPDIE"，在左边的工具列表中选择"up_die"，然后在界面上单击按钮"Working direction"，设置为如图 12-24 所示，冲压方向向下（Z 轴负方向），单击"OK"按钮。

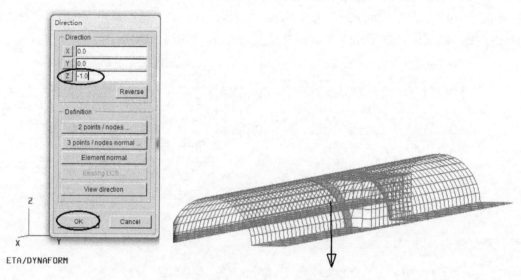

图 12-24　调整冲压方向

重复此步骤进行其余零件的运动方向设置，具体设置参数为：将零件"deck1"的"X"方向设置为−1.0mm，将零件"deck2"在"X"方向的数值设置为 1.0mm 其余参数采用系统缺省设置。即根据上/下模的冲压方向为合模方向，左/右堵头的冲压方向均指向模具内部的管件以检查完成所有零件的运动方向设置工作。

单击"Tube Forming"对话框左下角的"Positioning…"按钮进入"Positioning"对话框。在"Blank"栏的"On："下拉菜单中点选"lo_die"零件作为自动定位的参考基准工具，即下模零件"LOWDIE"固定不动。勾选"On Blank"复选框，对所有的工具和板坯进行自动初始定位设置。定位设置如图 12-25 所示，单击"OK"按钮，工模具将进行自动初始定位，如图 12-26 所示。

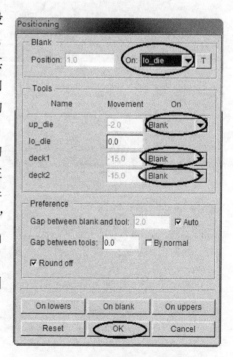

图 12-25　工模具初始位置的设定

12.3.5　工模具拉深工艺参数设置

单击"Tube Forming"对话框中"Process"选项卡，系统默认产生两个工序，一个是闭合工序"closing"，另外一个是液压胀形工序"hydroformi."。本次模拟试验中上下模有间隙距离 2mm，首先要

"closing"，设置 "up_die" 的合模速度 2000mm/sec，其他零件不动，采用默认值即可，如图 12-27 所示。点选 "hydroformi." 工序，进行 "hydroformi." 工序设置。如图 12-28 所示，选择 "Hydro" 复选框，在 "Tool Control" 中进行 "up_die"，"lo_die"，"deck1" 和 "deck2" 工具零件的运动控制参数设置，在 "Hydro mech" 设定液体压力，单击 "P=0" 按钮，在弹出的 "Hydro mech" 对话框中选择控制方式为 "Constant"，设置压力 15N，单击 "OK" 按钮，如图 12-29 所示。在 "Duration" 选择 "type" 类型为 "Travel"，设置零件 "deck1"，"deck2" 的推进距离，输入值 "35（mm）"。工序设置完成后，如图 12-30 所示。

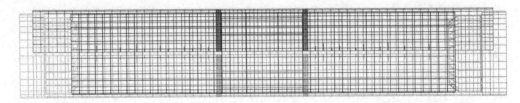

图 12-26　自动初始定位后的工模具模型

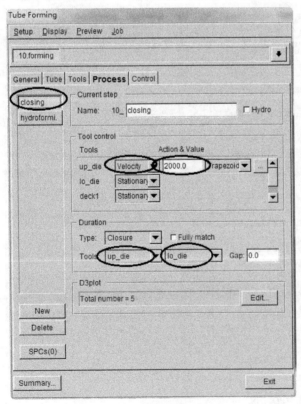

图 12-27　"closing" 参数设置

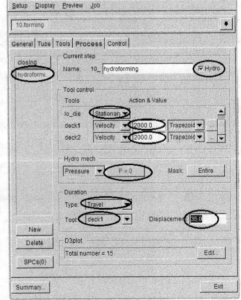

图 12-28　液压胀形工艺参数设置

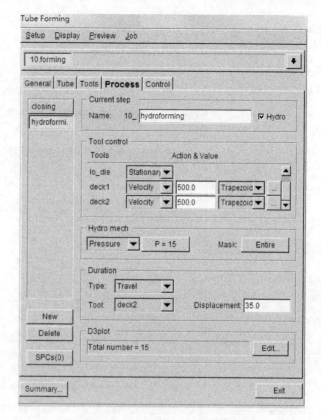

图 12-29　修改液压参数　　　　图 12-30　完成设置的"hydroformi."工序

12.3.6　工模具运动规律的动画模拟演示

如图 12-31 所示完成基本的管件胀形工序设置后，可通过单击菜单栏"Preview/Animation"命令，进行工模具运动动画模拟演示。通过观察动画，可判断工模具运动设置是否正确合理。确认无误后，单击"Stop"按钮结束动画，返回"Tube Forming"对话框。

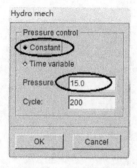

图 12-31　工模具运动动画模拟演示

12.3.7 提交 LS-DYNA 进行求解计算

选择菜单栏的"Job/Job submitter…"命令。将弹出"Job options"对话框，如图 12-32 所示，单击对话框中的"OK"按钮，进行任务提交 ls-dyna 求解器进行计算，如图 12-33 所示。

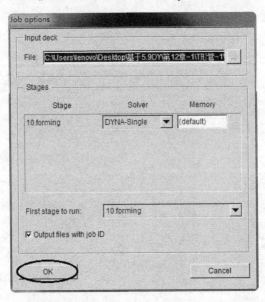

图 12-32　任务提交 ls-dyna 求解器的对话框

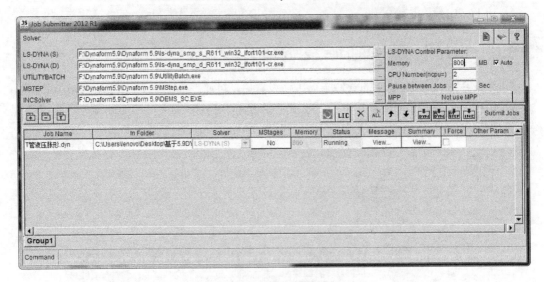

图 12-33　任务计算对话框

12.4　利用 eta/post 进行后处理分析

12.4.1　观察成形零件的变形过程

完成分析运算后，在 DYNAFORM5.9 软件中单击菜单栏中的"Post Process/eta/Post"命令，进入后处理程序。在菜单中选择"File/Open"命令，浏览保存结果文件目录，选择"T_tube.d3plot"文件单击"Open"按钮，读入结果文件。为了重点观察零件"BLANK"的成形状况，单击 "Turn Part On/Off"按钮，关闭零件其他零件，只打开"TUBE"，并要"Frame"下拉列表框中选择"All Frames"选项，然后单击 ▶ "Play"按钮，以动画形式显示整个变形过程，单击"End"按钮结束动画。也可选择"Single Frame"，对过程中的单个时间步的变形状况进行结果观察，如图 12-34 所示。

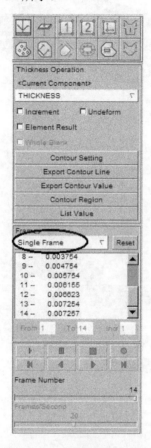

图 12-34 设置观察变形过程

12.4.2 观察成形零件的成形极限图及厚度分布云图

单击如图 12-35 所示各种按钮可观察不同的零件成形状况，例如单击其中的 "Forming Limit Diagram"按钮和 "Thickness"按钮，即可分别观察成形过程中零件"TUBE"的成形极限及厚度变化情况，如图 12-36 所示为管件的液压胀形成形极限图（FLD），如图 12-37 所示为胀形后管壁厚度分布云图。同样可在"Frame"下拉列表框中选择"All Frames"，然后单击 ▶ "Play"按钮，以动画模拟方式演示整个零件的成形过程，也可选择"Single Frame"，对过程中的某时间步进行观察，根据计算数据分析成形结果是否满足工艺要求。

图 12-35 成形过程控制工具按钮

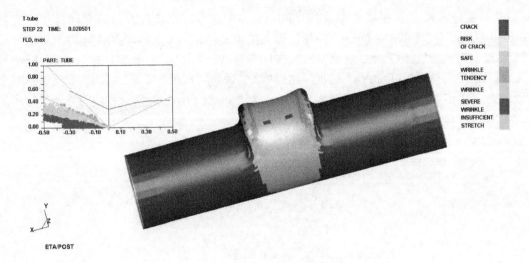

图 12-36　管件液压胀形后的成形极限图

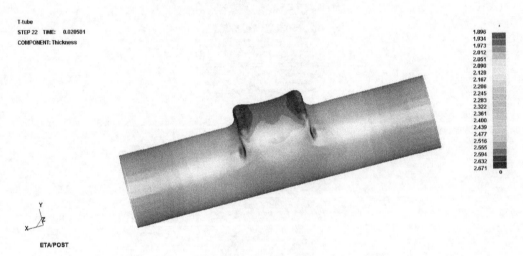

图 12-37　管件经液压胀形后的管壁厚度分布云图

第13章

飞机蒙皮拉伸成形模拟

蒙皮拉伸成形（skin stretch forming）是将板料在夹钳拉力作用下贴合在向下顶进的模胎上形成无回弹的大曲面板件的一种金属塑性成形加工方法。飞机蒙皮是维持飞机外形，使之具有很好的空气动力特性的一层铝合金。飞机蒙皮的主要作用是维持飞机外形，使之具有很好的空气动力特性。此外，飞机蒙皮在承受空气动力作用后，将作用力传递到相连的机身机翼骨架上，受力非常复杂，加之飞机蒙皮直接与外界气流相接触，所以不仅要求蒙皮材料强度高、塑性好，还要求表面光滑，有较高的抗蚀能力。因此飞机蒙皮对飞机制造而言是一种非常重要的零部件。

本章以一种典型飞机蒙皮拉伸件成形为例，在对此蒙皮拉伸件的模型进行了一些预先基本设置的前提下，着重阐述使用 DYNAFORM5.9 软件进行飞机蒙皮拉伸零件成形过程数值模拟的工艺设置及分析。

13.1 飞机蒙皮零件拉伸成形工艺

13.1.1 零件生产工艺简介

本实例涉及的飞机蒙皮拉伸零件在实际生产中的加工工艺主要包括以下 7 个生产工艺流程：① "Pre-cut material"（材料预切割）；② "Stretch forming"（蒙皮拉伸）；③ "Trim extra material"（切除多余材料）；④ "Chemical milling （Pocket)"（化学铣削）；⑤ "Mechanical routing & drilling （Contour & Cutout)"（特征加工）；⑥ "Inspection & Painting"（检验测绘）；⑦ "Assembly"（装配）。

13.1.2 选材要求

本次需要进行计算机数值模拟的飞机蒙皮拉伸件采用的材料选用铝合金，对于该零件成形工艺要求而言，虽然没有对采用的材料纹理有明确限制，但是一般要求材料纹理和拉伸方向相一致。

13.2 导入模型

启动 DYNAFORM5.9 后，选择菜单栏"File/Open"命令，打开文件"Transverse Bullnose.df"，如图 13-1 所示。选择文件"Transverse Bullnose.df"，单击打开，再单击"取消"按钮，完成并退出文件打开对话框。打开文件后，观察模型显示如图 13-2 所示。本章实例 DYNAFORM5.9 系统默认的单位设置：mm（毫米），ton（吨），sec（秒）和 N（牛顿）。

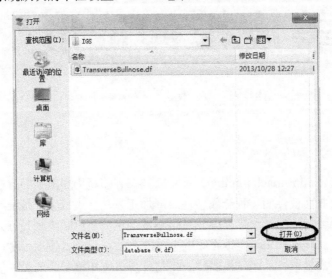

图 13-1 "打开"文件对话框

图 13-2 导入的模拟模型示意

13.3 自动设置

13.3.1 初始设置

在 DYNAFORM5.9 软件的菜单栏中选择"AutoSetup/Stretch Forming/Transverse Bullnose"

命令，弹出 13-3 所示的"Stretch Forming"对话框。并修改"Title"为"Bullnose"。

13.3.2 定义板料零件"BLANK"

在如图 13-3 所示的"Stretch Forming"对话框中，单击"DQSK"按钮，弹出"Material"对话框，单击"New"按钮，如图 13-4 所示选择 36#材料模型并按图 13-5 所示进行相应材料参数的设置，连续单击"OK"按钮并修改材料厚度"Thickness"为 0.1mm，即完成板料零件"BLANK"的定义。

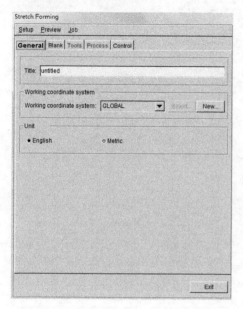

图 13-3 "Stretch Forming"对话框设置

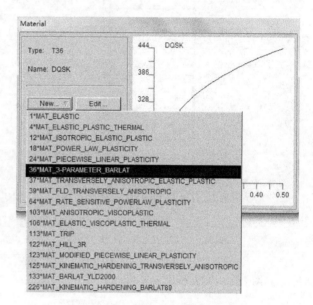

图 13-4 "Material"对话框

13.3.3 定义工具"Tools"

在如图 13-3 所示的"Stretch Forming"对话框中单击"Tools"选项卡中的"left jaw"按钮，单击"Define geometry"按钮，如图 13-6 所示，即弹出"Tool Preparation"对话框，依次添加"JAW_LFT 3"、"JAW_LNI 4"、"JAW_LNO 5"、"JAW_LFI 6"及"JAW_LFO 7"到"left jaw"中，具体操作过程如图 13-7 所示。重复上述步骤，依次添加"JAW_RHT 8"、"JAW_RNI 9"、"JAW_RNO 10"、"JAW_RFI 11"及"JAW_RFO 12"到"right jaw"中，最后添加"DIE 1"到"die"中，完成整个工具零部件的定义。

13.3.4 工模具拉伸成形参数设置

在图 13-3 所示的"Stretch Forming"对话框中单击"Process"选项卡，按图 13-8～图 13-10 依次修改和设置"warp"，"stretch"和"relaxation"相关参数。注意：在"warp"选项卡中，单击"Action"按钮，分别勾选"Left action"和"Right action"菜单下的"Carriage motion"和"Carriage angulation"以及"Table stroke"。在"stretch"选项卡中，单击"Action"按钮，分别勾选"Table stroke"和"Table sngulation（U）"。在"relaxation"选项卡中，单击"Action"按钮，分别勾选"Left action"和"Right action"菜单下的"Tension cylinder motion"。

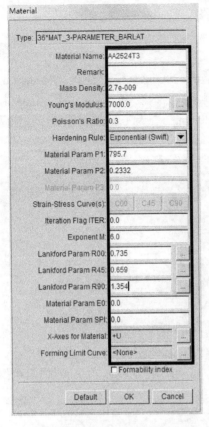

图 13-5 "Material" 设定对话框

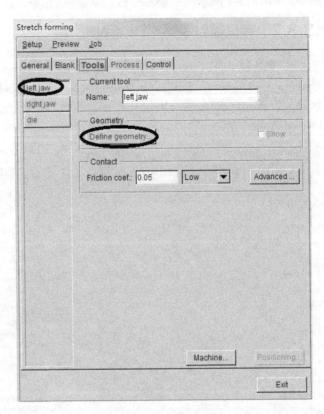

图 13-6 定义工具对话框

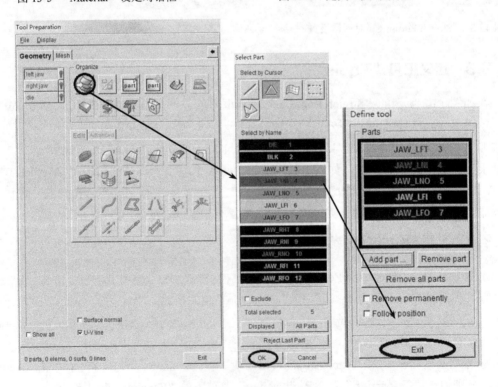

图 13-7 定义凹工具 "Tools"

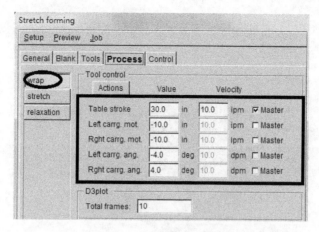

图 13-8 "wrap" 参数设置

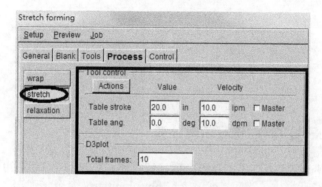

图 13-9 "stretch" 参数设置

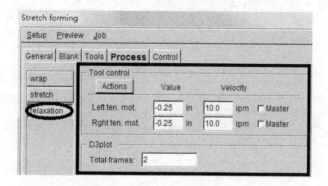

图 13-10 "relaxation" 参数设置

在此零件成形过程中，DYNAFORM5.9 软件是以专用蒙皮拉伸机（型号：VTL1000）的运动方式进行相关运动参数设置的，图 13-8～图 13-10 所示的运动参数为 VTL1000 蒙皮拉伸机的各个控制轴的运动轨迹。具体各个运动轴所代表的运动方式和轨迹，请自行查阅相关蒙皮拉伸机（型号：VTL1000）的产品说明书。

13.3.5 工模具运动规律的动画模拟演示

在 "Stretch Forming" 对话框中单击菜单栏 "Preview/Animation" 命令，弹出对话框，如图 13-11 所示，调整滑块 "Frames/Second" 适宜的数值，单击 "Play" 按钮，进行动画模拟演示。通过观察动画，可以判断工模具运动设置是否正确合理。单击"Stop"按钮结束动画，返回"Sheet Forming"对话框。

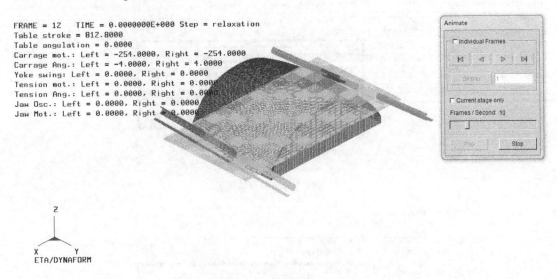

```
FRAME = 12    TIME = 0.0000000E+000 Step = relaxation
Table stroke = 812.8000
Table angulation = 0.0000
Carrage mot.: Left = -254.0000, Right = -254.0000
Carrage Ang.: Left = -4.0000, Right = 4.0000
Yoke swing: Left = 0.0000, Right = 0.0000
Tension mot.: Left = 0.0000, Right = 0.0000
Tension Ang.: Left = 0.0000, Right = 0.0000
Jaw Osc.: Left = 0.0000, Right = 0.0000
Jaw Mot.: Left = 0.0000, Right = 0.0000
```

图 13-11　动画模拟演示设置

13.3.6　提交 LS-DYNA 进行求解计算

在将任务提交 ls-dyna 求解器进行运算前，需先保存已经设置好的"df"格式文件，再在"Stretch Forming"对话框中单击菜单栏"Job/Job submitter"命令，弹出"另存为"对话框，如图 13-12 所示。输入文件名"Transverse Bullnose.dyn"后单击"保存"按钮，软件会自动开始计算，如图 13-13 所示。等待运算结束后，可在 DYNAFORM5.9 软件后处理模块中观察整个模拟结果。

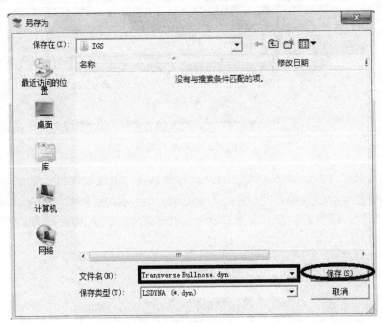

图 13-12　提交任务到 LS-DYNA 求解器运算的设置

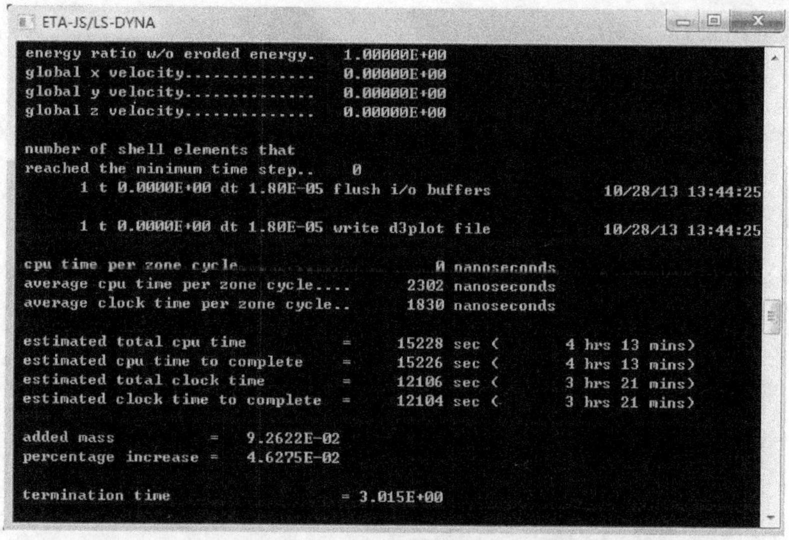

图 13-13　提交 LS-DYNA 进行求解运算

13.4 利用 eta/post 进行后处理分析

13.4.1 观察成形零件的变形过程

完成分析运算后，在 DYNAFORM5.9 软件中单击菜单栏中的"Post Process/eta post"命令，进入后处理程序。在菜单中选择"File/Open"命令，浏览保存结果文件目录，选择"xxxx.d3plot"文件单击"Open"按钮，读入结果文件。为了重点观察零件"BLANK"的成形状况，单击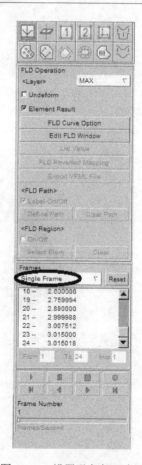"Turn Part On/Off"按钮，关闭除了板料外的所有工具，只打开"BLANK"，并要"Frame"下拉列表框中选择"All Frames"选项，然后单击 ▶ "Play"按钮，以动画形式显示整个变形过程，单击"End"按钮结束动画，也可选择"Single Frame"，对过程中的某时间步的变形状况进行观察，如图 13-14 所示。

13.4.2 观察成形零件的成形极限图及厚度分布云图

单击如图 13-15 所示各种按钮可观察不同的零件成形状况，例如单击其中的 ⊡ "Forming Limit Diagram"按钮和 ⬦ "Thickness"按钮，即可分别观察成形过程中零件"BLANK"的成形极限及厚度变化情况，如图 13-16 所示为零件"BLANK"的成形极限图。如图 13-17 所示为零件"BLANK"的厚度分布云图图。同样可在"Frame"下拉列表框中选择"All Frames"，然后单击 ▶ "Play"按钮，以动画模拟方式演示整个零件的成形过程，也可选择"Single Frame"，对过程中的某时间步进行观察，根据计

图 13-14　设置观察变形过程

算数据分析成形结果是否满足工艺要求。

图 13-15　成形过程控制工具按钮

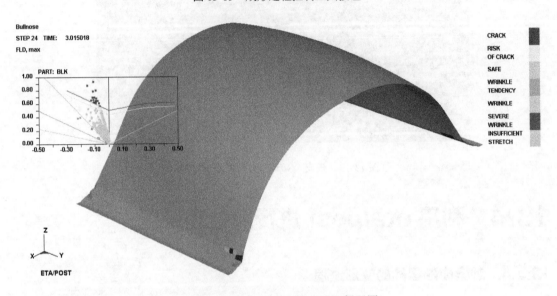

图 13-16　零件"BLANK"成形极限图

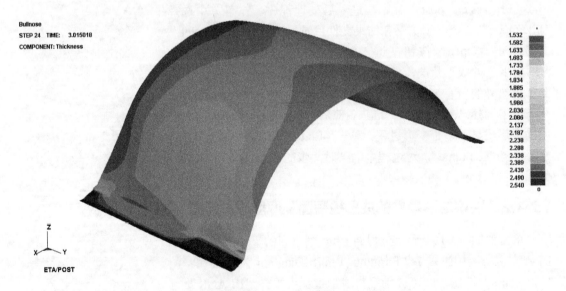

图 13-17　零件"BLANK"板料厚度变化分布云图

超塑性零件成形模拟

超塑性是指金属或合金在特定的条件下，即在低的应变速率（$\varepsilon=10^{-2}\sim10^{-4}\ s^{-1}$）和一定的变形温度（约为金属或合金热力学熔化温度的 1/2）和稳定而细小的晶粒度（$0.5\sim5\mu m$）的条件下，某些金属或合金呈现低强度和大伸长率的一种特性。其伸长率可超过 100%以上，如：钢的伸长率超过 500%，纯钛超过 300%，铝锌合金超过 1000%。利用金属或合金超塑性进行零件冲压成形是现代先进的塑性成形方法，该工艺属于金属特种塑性加工范畴。

本章基于 DYNAFORM5.9 软件，针对超塑性零件成形进行数值模拟分析，着重阐述使用 DYNAFORM5.9 进行超塑性零件成形模拟的工艺参数设置及分析。本章实例采用 DYNAFORM5.9 软件系统默认的单位设置：mm（毫米），ton（吨），sec（秒）和 N（牛顿）。

14.1 导入模型

启动DYNAFORM5.9软件后，选择菜单栏"File/Open"命令，打开文件"supper forming.df"，如图 14-1 所示。选择文件"supper forming.df"，单击打开，再单击"取消"按钮，完成，并退出文件打开对话框。打开文件后，观察几何模型显示，如图 14-2 所示。

图 14-1　打开文件对话框

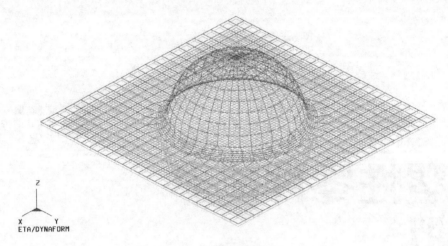

图 14-2   几何模型显示

如图 14-2 所示，蓝色的坯料夹在红色的上模和绿色的下模之间，成形过程中，坯料首先向绿色下模充型，之后反向顶出球面，充满上模。

14.2 自动设置

14.2.1   初始设置

在 DYNAFORM5.9 软件的菜单栏中选择"AutoSetup/Superplastic Forming"命令，弹出图 14-3 所示的"Superplastic Forming"对话框。将"Title"名称修改为"Superplastic Forming"。

图 14-3   "Superplastic Forming"对话框设置

14.2.2　定义板料零件"BLANK"

在如图 14-3 所示的"Superplastic Forming"对话框中，单击"Blank"选项卡，单击"Define geometry"按钮，弹出如图 14-4 所示的"Blank generator"对话框，单击其中"Add part"按钮，弹出图 14-5 所示的"Select Part"对话框，选择"BLANK"，单击"OK"按钮，退出"Select Part"对话框，单击"Exit"按钮，返回到"Superplastic Forming"对话框，单击"DQSK"按钮，弹出"Material"对话框，单击"New"按钮，如图 14-6 所示选择 64*材料模型。按图 14-7 所示进行材料参数的设定。一路单击"OK"按钮，回到如图 14-3 所示的"Superplastic Forming"对话框，修改材料厚度"Thickness"为 1.2mm，完成板料零件"BLANK"的定义。

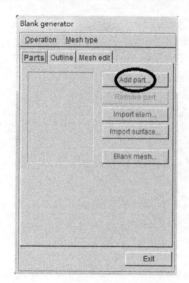

图 14-4　"Blank generator"对话框

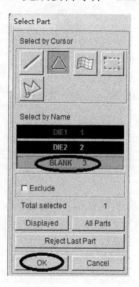

图 14-5　"Select Part"对话框

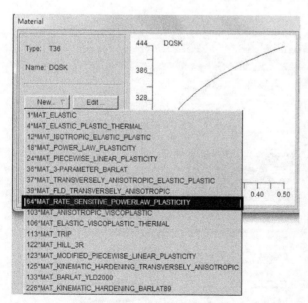

图 14-6　"Material"对话框

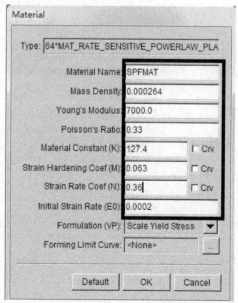

图 14-7　"Material"设定对话框

14.2.3 定义凹模零件"DIE"

在图 14-3 所示的"Superplastic Forming"对话框中单击"Tools"选项卡中的"die"按钮，单击"Define geometry"按钮，如图 14-8 所示，即弹出"Tool Preparation（Superplastic Forming）"对话框，添加"DIE1"到"die"中，具体操作过程如图 14-9 所示。单击如图 14-8 所示的"New"按钮，新添加工具，如图 14-10 所示。重复上述步骤，添加"DIE2"到"die1"。单击"die"选项卡中的"Working direction" <u>...</u> 按钮，确保方向如图 14-11 所示。至此完成工具的定义。
注意：读者需要注意工具的工作方向，图 14-11 所示的 "DIE1"工作方向沿 Z 轴负方向，而"DIE2"工作方向与"DIE1"相对。

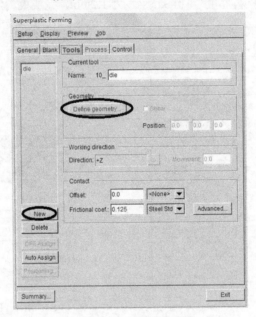

图 14-8 定义工具对话框

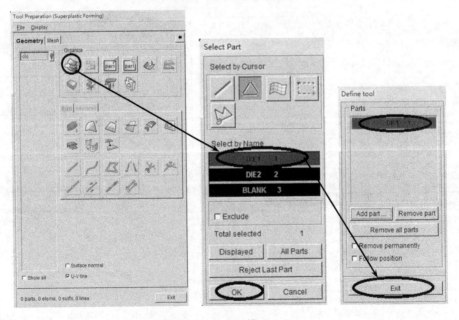

图 14-9 定义凹模"die"

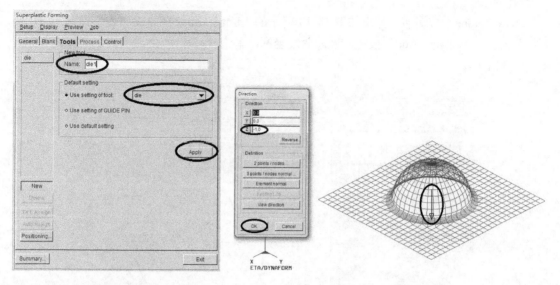

图 14-10 添加新工具"die1"　　　　　　　图 14-11 工具方向检查

14.2.4 工模具拉深行程参数设置

在图 14-3 所示的"Superplastic Forming"对话框中单击"Process"选项卡，选择"Two phases"按钮，对于"Phase Ⅰ"，单击"None"按钮，添加压力曲线。并修改"Percent to terminate"为 70mm，"Contact tool"为"die1"，如图 14-12 所示。

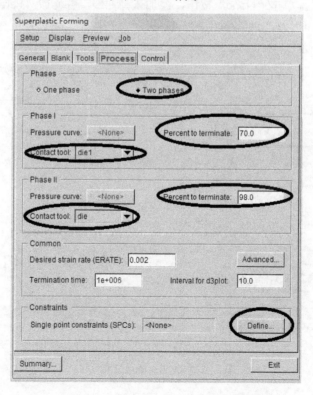

图 14-12 "Superplastic Forming"设置

　　单击"None"按钮后，弹出如图 14-13 所示的"Load Curve"曲线加载设置框，添加需要加载的曲线，单击"Add"按钮，添加曲线坐标，单击"Apply"生成曲线，具体设置参考图 14-13 所示。

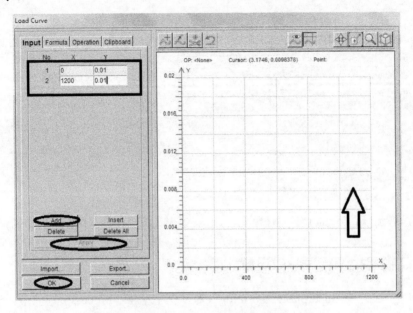

图 14-13　曲线加载设置对话框

　　对于"PhaseⅡ"，单击"None"按钮，添加压力曲线。并修改"Percent to terminate"为 98mm。"Contact tool"为"die"，如图 14-12 所示。并按照上述设置重复设置加载曲线，具体参数如图 14-14 所示。

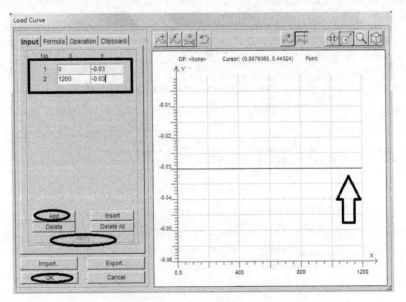

图 14-14　曲线加载设置对话框

　　在图 14-12 所示的"Superplastic Forming"对话框中修改"Common"中的参数值，如图 14-15 所示。

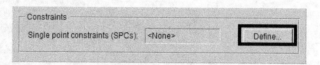

图 14-15 "Superplastic Forming"中修改相关参数

14.2.5 约束设置

在图 14-12 所示的"Superplastic Forming"对话框中单击"Constraints"控制下的"Define…"按钮如图 14-16 所示。

图 14-16 约束定义设置对话框

在弹出的"Nodal constraints"对话框中修改"Constraint"选项为"All"并单击"New"按钮,如图 14-17 所示。

按照如图 14-18 所示,选择板料的边界网格节点作为约束点。并一路单击"OK",回到"Superplastic Forming"对话框。

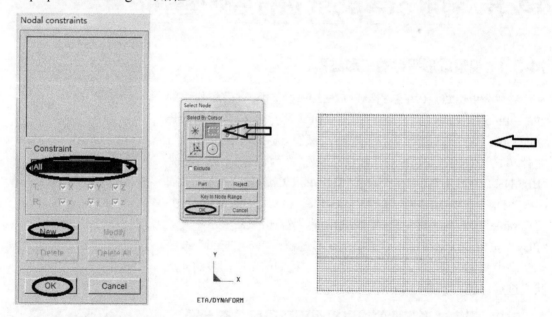

图 14-17 约束点控制对话框   图 14-18 板料约束选择

最后在图 14-12 所示的"Superplastic Forming"对话框中单击"Control"选项卡将"Refining meshes"前的"√"去掉。

14.2.6 提交 LS-DYNA 进行求解计算

在提交任务给 LS-DYNA 求解器进行运算前,需先保存已经设置好的"df"文件,再在

"Superplastic Forming"对话框中单击菜单栏"Job/Job submitter"命令，弹出"Submit job"对话框，如图 14-19 所示。单击"Submit"按钮开始计算，如图 14-20 所示。等运算完成后，可在后处理模块中观察整个计算机模拟试验结果。

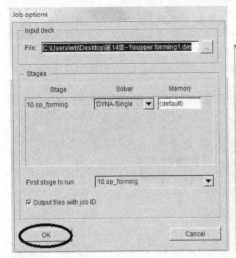

图 14-19 提交 LS-DYNA 求解器进行运算的设置　　　图 14-20 提交 LS-DYNA 进行求解运算

14.3 利用 eta/post 进行后处理分析

14.3.1 观察成形零件的变形过程

完成分析运算后，在 DYNAFORM5.9 软件中单击菜单栏中的"Post Process/eta post"命令，进入后处理程序。在菜单中选择"File/Open"命令，浏览保存结果文件目录，选择"xxxx.d3plot"文件单击"Open"按钮，读入结果文件。为了重点观察零件"BLANK"的成形状况，单击 "Turn Part On/Off"按钮，关闭零件"DIE"、"BINDER"和"PUNCH"，只打开"BLANK"，并要"Frame"下拉列表框中选择"All Frames"选项，然后单击 ▶ "Play"按钮，以动画形式显示整个变形过程，单击"End"按钮结束动画。也可选择"Single Frame"，对过程中的某时间步的变形状况进行观察，如图 14-21 所示。

14.3.2 观察成形零件的成形极限图及厚度分布云图

单击如图 14-22 所示各种按钮可观察不同的零件成形状况，例如单击其中的 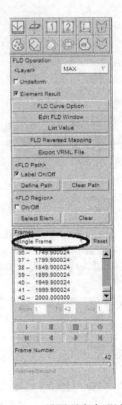 "Forming Limit Diagram"按钮和 "Thickness"按钮，即可分别观察成形过程中零件"BLANK"的成形极限及厚度变化情况，如图 14-23 所示为零件"BLANK"的成形极限图。如图 14-24 所示为零件"BLANK"的厚度分布云图。

图 14-21 设置观察变形过程

同样可在"Frame"下拉列表框中选择"All Frames"，然后单击  "Play"按钮，以动画模拟方式演示整个零件的成形过程，也可选择"Single Frame"，对过程中的某时间步进行观察，根据计算数据分析成形结果是否满足工艺要求。

图 14-22　成形过程控制工具按钮

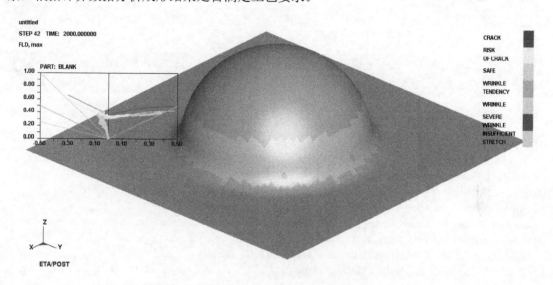

图 14-23　零件"BLANK"成形极限图

图 14-24　零件"BLANK"板料厚度变化分布云图

[1] 美国工程技术联合公司 Eta/Dynaform 软件小组. Eta/Dynaform 用户手册（版本 5.9 版）[M]，美国工程技术联合公司，2013.

[2] 美国工程技术联合公司 Eta/Dynaform 软件小组. Eta/Post 用户手册（版本 1.8.1）[M]，美国工程技术联合公司，2013.

[3] 陈文亮. 板料成形 CAE 分析教程[M]，北京：机械工业出版社，2005.

[4] 王秀凤，郎利辉等. 板料成形 CAE 设计及应用：基于 DYNAFORM[M]. 北京：北京航空航天大学出版社，2007.

[5] 董湘怀，吴树森等. 材料成形理论基础[M]. 北京：化学工业出版社，2008.

[6] 雷正保. 汽车覆盖件冲压成形 CAE 分析[M]. 湖南：国防科技大学出版社，2003.

[7] 李尚健. 金属塑性成形过程模拟[M]. 北京：机械工业出版社，1999.

[8] 林忠钦，等. 车身覆盖件冲压成形仿真[M]. 北京：机械工业出版社，2005.

[9] 陈军. 汽车覆盖件冲压工艺、模具计算机辅助设计技术的发展现状[J]. 锻压工艺，2002，6：14～17.

[10] D. M. Wo. On the Complete Solution of the Deep Drawing Problem[J]. Int. J. Mech. Sci., 1968, 10：89～94.

[11] N. M. Wang. Large Plastic Deformation of a Circular Sheet Caused by Punch Stretching[J],J. Appl. Mech. ASME, 1970, 37：431～440.

[12] Hill, R. H. Some Basic Principle in Mechanics of Solids without A Natural Times[J]. J. of Mech. Phys. Solids, 1959, 7：209～230.

[13] 龚红英. 车用热镀锌钢板拉深成形特性研究[D]. 上海：上海交通大学博士学位论文，2005.

[14] 龚红英，何丹农，张质良，计算机仿真技术在现代冲压成形过程中的应用[J]，锻压技术，2003（5）：35～38.

[15] 汪锐，郑晓丹，等. 复杂零件多道次拉深成形的计算机数值模拟[J]，塑性工程学报，2001，6：17～19.

[16] 彭颖红，金属塑性成形数值模拟技术[M]. 上海：上海交通大学出版社，1999.

[17] R. Hill, A Theory of the Yielding and Plastic Flow of Anisotropic Metals[M], Proc. Roy. Soc., London, A193, 1948.

[18] J. Woodthorpe, R. Pearce. The Anomalous Behavior of Aluminum Sheets under Balanced Biaxial Tension[J] . International Journal of Mechanical Science, 1970, 12: 341～360.

[19] R. Hill. Plasticity Theory of Textured Aggregates[J]. Proceeding of Camb. Phil., 1979, 85：150～179.

[20] Barlat. F, J. Lian, Plasticity Behavior and Stretchability of Sheet Metals[J]. International Journal of Plasticity, 1989, 51：51～66.

[21] 钟志华，李光耀，等. 薄板冲压成型过程的计算机数值模拟与应用[M]. 北京：北京理工大学出版社，1998.

[22] D.Lefebvre, E.Haug, F. Hatt.Industrial Applications of Computer Simulation in Stamping[J]. J.Mat.Proc.Tech, 1994, 46：351～389.

[23] 崔令江. 汽车覆盖件冲压成形技术[M]. 北京：机械工业出版社，2003.

[24] 陈炜. 汽车覆盖件拉深模设计关键技术研究[D]. 上海：上海交通大学，2001.

[25] 叶又，彭颖红，等. 板料成形数值模拟软件研究[J]. 塑性工程学报，1997，4（2）：19～23.

[26] 罗亚军，杨曦，等. 板料成形中的有限元数值模拟技术[J]. 金属成形工艺，2000，18（6）：1～3.

[27] 陶宏之，等. 板料成形数值模拟软件研究[J]. 锻压机械，1999，3：43～45.

[28] 梁炳文，胡适光. 板料成形塑性理论[M]. 北京：机械工业出版社，1987.

[29] 段成龙. 金属板料成形性能及其 CAE 分析[J]. 南方金属，2005，10：10～12.

[30] 赵海鸥. LS-DYNA 动力分析指南[M]. 北京：兵器工业出版社，2003.

[31] 郑莹，等. 板料成形数值模拟发展. 塑性工程学报[J]. 1996，3（4）：34～47.

[32] 徐金波，董湘怀. 汽车翼子板零件冲压成形过程模拟[J]. 华中科技大学学报，2003，31（9）：93～95.

[33] 杜臣勇，董湘怀. 板料成形模拟的逆算法研究[J]. 金属成形工艺，2003，2：13～15.

[34] 王新华. 汽车冲压技术[M]. 北京：北京理工大学出版社，1999.

[35] 李尧. 金属塑性成形原理[M]. 北京：机械工业出版社，2004.

[36] 俞汉清，陈金德. 金属塑性成形原理[M]. 北京：机械工业出版社，1999.

[37] 杨连发，等. 板料拉深成形数值模拟的关键技术[J]. 现代机械，2002，3：49～52.

[38] 沈启，等．数值模拟在汽车覆盖件开发中的应用研究[J]．模具技术，2000，3：3～7．

[39] 包向军，等．复杂型面板料成形数值模拟快速有限元建模[J]．上海交通大学学报，2001，35（1）：94～97．

[40] 印雄飞，何丹农．虚拟速度对板料成形数值模拟影响的试验研究[J]．机械科学与技术，2000，19（3）：452～453．

[41] 胡恩球，张新芳．有限元网格生成方法发展综述[J]．计算机辅助设计与图形学学报，1997，9（4）：378～383．

[42] 印雄飞，等．板料成形数值模拟中计算时间的控制[J]．模具工业，1999，7：11～13．

[43] 孙希延，等．板料拉伸成形数值模拟中动态接触的处理[J]．模具工业，2002，8：10～13．

[44] Wagoner H R. Fundamental Aspects of Springback in Sheet Metal Forming[C]. NUMISHEET, 2002, 1：13～24.

[45] HIROSE Y, HISHIDA Y, FURUBAYASHI T, et al. Research on Techniques for Controlling Body Wrinkling by Cotrolling the Blank Holding Force[C]. Proceedings of the 4th Symposium of the Japanese Society for Technology of Plasticity. 1990.

[46] JALKH P, CAO Jian, HARDT D, et al. Optimal Forming of Aluminum 2008-T4 Conical Cups Using Force Trajectory Control [C]. Proceedings of the North American Deep Drawing Research Group Sheet Metal and Stamping Symposium. Washington, D.C., USA: SAE, 1993：101～112.

[47] OBERMEYER E J, MAJLESSE S A. A Review of Recent Advances in the Application of Blank-holder Force towards Improving the Forming Limits of Sheet Metal Parts [J]. Journal of Materials Processing Technology, 1998, 75(1-3): 222～234.

[48] 刘晖，等．实时控制变压边力液压系统的改造[J]．设计与研究，2004，（9）：72～75．

[49] 卢险峰．冲压工艺模具学[M]．北京：机械工业出版社，1998．

[50] 龚红英，徐培全，等．汽车左纵梁加强件拉深成形性研究[J]．模具技术，2008，（4）：6～9．

[51] Engineering Technology Associates, Inc．DYNAFORM –PC Applications Manual[M], 1999.

[52] 肖景容，李尚健．塑性成形模拟理论[M]．武汉：华中理工大学出版社，1994．

[53] 龚红英，娄臻亮，张质良．板材拉深成形性能智能化预测系统[J]．金属成形工艺，2003，6:21～25．

[54] 张如华．冲压工艺与冲模设计[M]．北京：清华大学出版社．2006．

[55] 王强，张进国．汽车覆盖件冲压成形有限元数值仿真研究[J]．机械设计与制造，2006，(11)：140～142．

[56] 赵侠，等．数值模拟技术在汽车覆盖件成形中的应用[J]．锻压技术，2006，31(1)：15～17．

[57] 龚红英．板料冲压成形 CAE 分析实用教程[M]．北京：化学工业出版社，2009．

[58] 张彦敏，等．有限元在金属塑性成形中的应用[M]．北京：化学工业出版社，2010．

化学工业出版社 专业图书推荐

书号	书名	定价/元
16258	有色金属熔炼与铸锭	68
15446	铸件缺陷及修复技术	68
15535	碳钢、低合金钢铸件生产及应用实例	48
14449	呋喃树脂砂铸造生产及应用实例	58
13627	铸造合金熔炼	68
13630	铸钢件特种铸造	88
13755	铸铁感应电炉生产问答	49
13739	熔模精密铸造缺陷与对策	58
13643	熔模精密铸造技术问答	58
12993	消失模白模制作技术问答	39
12565	灰铸铁件生产缺陷及防止	68
11974	铸件挽救工程及其应用（钱翰城）	128
09712	常用钢淬透性图册	78
15158	废钢铁加工与设备	68
08642	铸造金属耐磨材料实用手册	79
08337	蠕墨铸铁及其生产技术（邱汉泉）	88
06930	压铸模具 3D 设计与计算指导（正文彩图，配计算光盘）	88
05584	新编铸造标准实用手册	128
03758	铸造金属材料中外牌号速查手册	38
03436	V 法铸造生产及应用实例	25
02347	金属型铸件生产指南	48
02012	铸钢件生产指南	32
01765	有色金属铸件生产指南	29
01728	铸铁件生产指南	30
9853	液态模锻与挤压铸造技术	62

邮购电话： 010-64518800

邮购地址： 北京市东城区青年湖南街 13 号化学工业出版社（100011）

图书详情及相关信息浏览： 请登录 http:// www.cip.com.cn

注： 如有写书意愿，欢迎与我社编辑联系：

010-64519283 E-mail: editor2044@sina.com